张秀丽　吴艳华　邵佳明　主编

图说花境设计与施工

化学工业出版社

·北京·

内容简介

本书在详细介绍花境植物选择、花境设计、花境种植施工及养护管理的基础上，精选25种常用一、二年生花卉，21种常用宿根花卉，7种常用球根花卉，9种常用其他花卉，分别从科属、别名、花色、花期、株高、生态习性、园林应用等方面进行具体阐述。书中提供了9个典型花境设计案例，共有近400幅高清彩色图片，基本能满足对花境的日常设计、识别、应用等学习和工作需要。

本书可供花境研究和设计人员、施工人员、工程技术人员及花境爱好者、园林工作者使用，也可供相关专业院校师生参考。

图书在版编目（CIP）数据

图说花境设计与施工/张秀丽，吴艳华，邵佳明主编.
—北京：化学工业出版社，2023.7（2025.5重印）
ISBN 978-7-122-43297-1

Ⅰ.①图… Ⅱ.①张… ②吴… ③邵… Ⅲ.①园林植物-设计-图解 Ⅳ.①S688-64

中国国家版本馆CIP数据核字（2023）第069089号

责任编辑：孙高洁　刘　军　　文字编辑：李　雪　李娇娇
责任校对：宋　玮　　　　　　　装帧设计：关　飞

出版发行：化学工业出版社
　　　　　（北京市东城区青年湖南街13号　邮政编码100011）
印　　装：北京宝隆世纪印刷有限公司
880mm×1230mm　1/32　印张5¼　字数154千字
2025年5月北京第1版第2次印刷

购书咨询：010-64518888　　售后服务：010-64518899
网　　址：http://www.cip.com.cn
凡购买本书，如有缺损质量问题，本社销售中心负责调换。

定　　价：39.80元　　　　　　版权所有　违者必究

前言

花境源于欧洲，发展历史悠久。随着人们生活水平的提高和城市生活节奏的加快，我国的花境近年来发展迅速，富有自然、野趣、活力的花境越来越受全国各地人们喜爱，在公园、广场、道路旁、居住区等广泛应用。

本书与企业人员共同开发，力求与企业接轨，掌握市场前沿，结合编者多年来的理论研究与企业经验进行案例分析，以花境设计为核心，从花境含义、分类、特点、应用，花境植物和位置的选择，花境设计的原则，花境植床、背景、色彩、季相、效果等方面来全面阐述花境的设计，并以案例的形式分析花境设计图，对花境常用植物进行识别和园林应用的介绍，为花境设计在植物选择上提供依据，同时对花境后期的施工与栽植养护也进行了简明扼要的阐述，以期为花境在园林上的合理实施与推广提供技术服务，为广大花境爱好者、园林工作者、生产一线科技人员及农林院校的园林园艺师生提供参考。

本书由辽宁农业职业技术学院张秀丽、吴艳华与沈阳蓝花楹花境景观工程有限公司邵佳明共同编写完成。具体编写分工如下：

第一章、第二章、第三章和第五章由张秀丽编写；第四章由吴艳华编写；第六章由邵佳明编写。全书由张秀丽统稿。

在编写过程中，本书参考借鉴了有关学者、专家的著作等资料，在此表示感谢。同时感谢北京宏岚景观设计有限公司张杨花境设计师、吉林省梅林禾润绿化有限公司何花董事长、北京草源生态园林工程有限公司赵越的大力支持和无私奉献。

　　因时间仓促及编者地域和水平所限，不当之处在所难免，敬请读者批评指正！在此表示谢意！

编者

2023 年 2 月

目录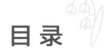

第三章　花境设计 / 028

第四章　花境种植施工与养护管理 / 041

第六章 花境设计案例 / 133

参考文献 / 159

第一章

认识花境

花境源于欧洲，是一种自然式的植物景观营造方式。花境是利用不同种类的花卉材料，模仿自然植被与群落的生境及构图，采用人工有序的空间设计，使其在景观营造中有源于自然、高于自然的视觉效果。花境的应用可以使生硬的景观变得活泼，使植物更加富有生气。

第一节　花境概述

一、花境的概念

花境（图1-1）自发展以来，其概念不一，国内学者给出的定义有很多种。

北京林业大学园林系花卉教研组（1990年）：花境是模拟自然界林缘地带各种野生花卉交错生长的状态，以宿根花卉、花灌木为主，经过艺术提炼而设计成宽窄不一的曲线或直线式的自然式花带，表现花卉自然散布生长的景观。

中国农业百科全书总编辑委员会在《中国农业百科全书：观赏园艺卷》（1996年）中指出：花境是通过适当的设计，种植以草本为主的观赏植物使之形成长带状，多供一侧观赏的自然式造景设施。花境多用于林缘、墙基、草坪边缘、路边坡地、挡土墙垣等装饰边缘，又称境边花坛、花径或花缘。

浙江大学园林研究所所长，园林植物生理调控与景观应用研究方向学术带头人夏宜平：花境是模拟自然界中林地边缘地带多种野生花卉交错生长的状态，运用艺术手法设计的一种花卉应用形式。旨在表现花卉群体的自然景观。

目前结合园林发展及应用现状，多将花境定义为：花境是园林绿地中一种特殊的种植形式，是以树丛、树群、绿篱、矮墙或建筑物作背景的带状自然式花卉布置，是模拟自然界中林地边缘地带多种野生花卉交错生长的状态，运用艺术手法提炼、设计成的一种花卉应用形式。

图1-1　花境

二、花境与花坛

花境与花坛是园林花卉在室外的两种主要应用形式，为了营造出更加自然美观的园林景观，就必须将花境与花坛进行透彻的理解与区分。

首先，从植物材料上比较。花坛以株形紧凑、开花繁茂、花期集中、花大色艳的一、二年生草花为主，辅以灌木、宿根、球根花卉等；花境则以宿根花卉为主，并结合各类花灌木、球根花卉及一、二年生草花等（图1-2、图1-3）。

其次，从构图上比较。花坛最初指在具有几何形轮廓的植床内种植各

图1-2 宿根花卉为主的花境 图1-3 一、二年生草花为主的花坛

种不同色彩的花卉，运用花卉的群体效果来强调平面图案纹样，或观赏盛花时绚丽景观的一种花卉应用形式。随着行业的发展和满足园林景观的需求，花坛也逐渐演变成立体花坛形式以及立体花坛与时令花卉组成的混合花坛应用形式，但花坛整体上表现得较为规整。花境是园林中从规则式构图到自然构图的一种过渡的半自然式种植形式，以表现植物个体所特有的自然美以及它们之间自然组合的群落美，其季相变化丰富，整体表现更为自然、灵动（图1-4、图1-5）。

图1-4 绚丽的景观和独特的图案纹样构成的花坛

再次，从园林应用上比较。花坛多应用于城市广场、公园出入口、道路交通岛、居住区入口等，成景快速，但为了保证观花效果，每季均需要换花；而花境常用于布置林缘、路边、庭院、草坪或建筑物旁，由于花境以宿根花卉为主，虽建植成景较慢，但不需要每季进行换花，管理成本相对降低（图1-6、图1-7）。

图1-5
自然和谐的花境
表现出其群落美

图1-6
布置在草坪旁的
花境

图1-7
城市广场的花坛

三、花境与花带

由于花境通常布置为自然带状的形式，与花带在形式上相似，所以二者的概念更易混淆。从用材和季相上看，花带多以单一的开花植物为主，季相要求不严；而花境更注重植物的多样性、季相的丰富性。从体现效果上看，花带体现的是色带的效果，而花境体现的是色彩与形态错落有致的立面效果（图1-8、图1-9）。

图1-8　花带

图1-9　各种植物错落有致构成的花境

四、花境与花丛、花群

花丛、花群通常指由一类花卉植物以丛植或群植的种植形式，形成局部区域的整体观花景观，不要求物种的丰富多样，也不需背景植物，常布置在醒目的开阔地、路边、园路交叉口、建筑物旁或庭院一隅，作点缀之用；而由多种开花植物混合配置的花境具有三季有花、四季有景的景观，通常与周围草地衔接或有乔灌木作背景，可独立成景，富有动态变化。但也有人认为，花丛作为花境的基本单位，是一种特殊的花境形式（图1-10～图1-12）。

由于存在单一花境的配置形式，从严格意义上说，花境与花

图1-10　花群

带、花丛、花群的区别不是很明显，凡是花卉的自然式布置均称为花境，因此，近年来花带、花丛、花群的概念多被花境所取代。

图1-11　花丛　　　　　　图1-12　由一、二年生草花和宿根花卉混合配置的花境

第二节　花境类型

花境的分类形式很多，目前没有统一的分类标准，主要根据植物生长特性、应用场景、设计形式、观赏颜色、花境轮廓等进行分类。

一、按植物生长特性分

花境依据构景的主要植物材料的生长特性不同，可以分为草花花境、灌木花境、观赏草花境和混合花境。其中草花花境和混合花境是花境的主要形式，近年来，观赏草花境备受青睐。

1. 草花花境

以一、二年生和多年生草本花卉为主要植物材料，是出现较早的花境形式，达到了三季有花的园林景观。草花花境也可以是单一花境，即以一种花卉为构景材料，包括一、二年生草花花境、宿根花境和球根花境。但通常采用开花期集中、观花性强的一、二年生花卉成片种植，营造出自然美观的景观效果（图1-13）。

图1-13　草花花境

2. 灌木花境

灌木花境是指由各种高度低于1.5m、观赏价值较高的灌木组合搭配营造的花境。灌木花境具有稳定性较强、管理相对粗放及简便等特点。但是由于其体量较大，不像草本花卉那样容易移植，在种植之前要考虑好位置和环境因素，预留好花境材料的生长空间，能够在一定时间内维持花境的设计意图及观赏效果（图1-14）。

图1-14　灌木花境

3. 观赏草花境

观赏草花境是指由不同类型的观赏草组成的花境。观赏草是近年来国内开始流行并大量应用的一类植物。观赏草具有种类繁多、叶形多样、株形雅致、病虫害少、养护管理粗放、适应性强等特点，种植优势较为明显，是优秀的新型花境营造材料。观赏草可以营造专类的观赏草花境，也可以与其他植物搭配应用于不同类型的花境景观。观赏草茎秆姿态优美，叶色丰富多彩，花序五彩缤纷，植株随风飘摇，能够展示植物的动感和韵律。更重要的是，它们随风摇曳的身姿为景观增加了无限动感和风情，因而观赏草在近几年越来越受到人们的青睐（图1-15）。

4. 混合花境

混合花境是由多种不同类型植物材料组成的花境，是花境应用中比较常见的类型，种植材料以耐寒的宿根花卉为主，配置少量的花灌木、球根花卉或一、二年生花卉，以体现丰富的植物多样性和自然的季相变化，观赏期长。这种花境季相分明、色彩丰富，通常用花灌木或小乔木作背景，以色彩艳丽、姿态多样的多年生花卉为骨架植物，并混植点缀常绿灌木、常绿草本或色叶植物来丰富叶形、叶色，辅以低矮匍地类草本植物为饰边材料，富有景观层次。但混合花境对每种植物的选择要求非常高，必须熟知每种植物的生长特点、生长习性，才能营造出最佳效果（图1-16）。

图1-15　观赏草花境

图1-16　混合花境

此外，还有针叶树花境、野花花境和专类花卉花境等。

二、按应用场景分

花境根据应用场景的不同，可以分为路缘花境、林缘花境、滨水花境、墙垣花境、隔离带花境、草坪花境、庭院花境等。路缘、林缘、墙垣的花境多为带状布置，草坪花境常以独立式布置为主，而庭院花境则需要根据场地来选择布置方式。

1. 路缘花境

路缘花境通常设置在道路一侧或两侧，是路边乔木、草坪与园路的良好过渡，多为单面观赏花境，具有一定的背景。植物材料可根据环境及地形选择，多以宿根花卉为主，适当配以小灌木和一、二年生草花等，一般具有较好的景观效果（图1-17）。

图1-17　路缘花境

2. 林缘花境

林缘花境是目前应用较广泛的花境形式，植物材料选择广泛，以宿根花卉为主，具有自然野趣，展示植物组合的群体美。通常位于树林边缘，以乔木或灌木为背景，以草坪为前景，边缘多为自然曲线的混合花境。在立面高度上成为从高大乔灌木到低矮草坪的一种过渡，植物的层次感丰富，动感十足，适合于公园、风景区应用（图1-18）。

图1-18 林缘花境

3. 滨水花境

滨水花境在水体驳岸边或草坡与水体衔接处配置，主要由湿生或水生植物组成，是为了满足滨水沿岸、景观水塘、雨水花园、下凹式绿地等景观需要而营造的花境。通常为带状布置，在滨水地带形成美丽的风景线（图1-19）。

图1-19 滨水花境

4. 墙垣花境

墙缘、植篱、栅栏、篱笆、树墙或坡地的挡土墙以及建筑物前的花境，统称为墙垣花境。墙垣花境多呈带状布置，亦可块状布置。利用多年生植物生长势强、管理粗放、花叶共赏的特点，可以柔化构筑物生硬的边界，弥补景观的枯燥乏味，并起到基础种植的作用（图1-20）。

图1-20　墙垣花境

5. 隔离带花境

隔离带花境主要设置在道路或公园隔离带中，既起到分隔行人的作用，又起到丰富景观的效果。植物材料主要采用观赏草和彩叶植物等，不仅观赏期长，而且养护管理简便。为使整个花境看起来明亮、活泼，可适当配置色彩丰富的一年生草本花卉。在应用时如果等距离栽植一些标志性植物或者多次重复某种植物及色彩，则可以形成视觉上的节奏感和韵律感。隔离带花境通常用低矮的木围栏或石条等作饰边，不仅边缘清晰而且易于管理（图1-21）。

图1-21　隔离带花境

6. 草坪花境

草坪花境通常采用双面或四面观赏的独立式景观布置，位于草坪、绿地的边缘或中央，既能分隔景观空间，又能组织游览路线，也为柔和的草坪、绿地增添了活跃的气氛（图1-22）。

图1-22　草坪花境

7. 庭院花境

庭院花境是应用于庭院、花园或建筑物围合区域的花境，是最具个性的花境，可沿庭院的围墙、栅栏、树丛布置，也可在庭院中心营造，或点缀庭院小品，生机盎然。在植物材料上经常会选择一些实用性的芳香植物、药用植物、观赏蔬菜或管理粗放的宿根花卉等（图1-23）。

图1-23　庭院花境

三、按设计形式分

1. 单面观赏花境

单面观赏花境是传统的花境形式，应用范围比较广泛。通常以建筑物、矮墙、树丛、绿篱等为背景，整体前低后高，多临近道路设置，供一面观赏（图1-24）。

图1-24　单面观赏花境

2. 双面观赏花境

双面观赏花境多设置在草坪上或树丛间，没有背景，常常应用于公共场所或空间开阔的地方，如隔离带花境、岛式花境等。通常是中间高两侧低，供两面观赏（图1-25）。

图1-25　双面观赏花境

3. 对应式花境

对应式花境呈左右二列式，设计时作为一组景观，注意统一性，多采用拟对称的手法，以求节奏和变化。常设在园路的两侧、草坪中央或建筑物周围（图1-26）。

图1-26 对应式花境

四、按观赏颜色分

1. 单色花境

单色花境由单一色系或相似色系的植物组成。常见的有白色系花境、蓝紫色系花境、橙色系花境及红色系花境等。单色花境能够较好地体现设计者想要表达的意图，如红、橙色系给人温暖、热烈、喜庆的感觉；白色系花境会给人带来清凉、舒适、宁静之感；蓝色系花境则带有神秘色彩；粉色系花境则有浪漫之感。单色花境中通常会种植同一色系但颜色深浅不同的花卉，而且在株形、高度及叶片质地等方面应该有所变化和对比（图1-27）。

图1-27 单色花境

2. 双色花境

双色花境是指花卉的主要颜色为两种的花境。通常利用冷色、暖色，或对比色、互补色，选取其中任意两种配置协调的色调，在应用时要注意色彩搭配的和谐，色彩互相衬托。较为常用的有黄色和蓝色，橙色和紫色（图1-28）。

图1-28　双色花境

3. 混色花境

混色花境是指由三种以上花色的花卉组成的花境，这是最常见的形式，也是相对容易的搭配形式。丰富的色彩比单一的色彩更生动，但是需要注意的是在一个花境中，特别是面积较小的花境中，颜色不宜过多，否则会显得杂乱；配置时避免颜色相近的植物过于集中在一个区域，令花境看上去失去平衡（图1-29）。

图1-29　混色花境

五、按花境轮廓分

1. 直线形边缘花境

直线形边缘花境是指边缘为笔直线条的花境。看上去简洁、整齐，与曲线形的花境相比，缺乏装饰性和趣味性，适合种植在规则式的花园中，多用于单面观赏的花境（图1-30）。

图1-30
直线形边缘花境

2. 几何形边缘花境

几何形边缘花境即花境的边缘轮廓为几何图形。常见的形状有矩形、圆形、多边形等，多用于双面观赏或多面观赏的花境。令花境看起来整齐、干净。隔离带花境、岛式花境等常常应用这种形式（图1-31）。

图1-31
几何形边缘花境

3. 曲线形边缘花境

曲线形边缘花境是应用较多的一种形式，是指轮廓为自然曲线的花境。曲线形边缘花境能较好地体现花境与周围环境的和谐以及植物的自然美。由于植物常常会将观赏者的部分视线遮挡，当观赏者沿着曲线的边缘行走时，会产生"步移景异"的效果，令观赏者产生浓厚的兴趣。但进行边缘设计时，需要注意曲线的过渡要自然、柔和，避免死弯和太大的起伏，舒缓的曲线才会令人赏心悦目（图1-32）。

4. 自然式边缘花境

自然式边缘花境是指边缘完全呈自然状态的花境，植物材料多为乡土植物或野生花卉，管理粗放，呈野生状态，突出地方和乡土特色，这样的花境几乎没有明显的边界，与自然环境融为一体。常用于疏林草地、乡村庭院、自然风景区等处（图1-33）。

图1-32　曲线形边缘花境　　　　　　图1-33　自然式边缘花境

六、按其他形式分

花境也可以从生长环境条件上分为阳地花境、阴地花境、旱地花境、中生花境和湿地花境。阳地花境是指种植在日照条件充足的环境中的花境，通常每天都有10个小时甚至更长时间的连续直射光照。阳地花境中的植物应为喜阳花卉，即需要在强阳光下才能生长健壮、叶色浓绿、花色鲜艳的植物。阴地花境通常位于树荫下、建筑物或高墙的阴影里，指处于一个比较荫蔽的环境下，选用的植物应为耐阴性较好的花卉。旱地花境是指植物生长在干燥的偏砂质土壤里的花境，所用植物多为喜阳、耐旱的品种，能够忍受较长时期的干旱或在严重缺乏水分的土壤中尚能生长的植物，对空气湿度也要求较低。旱地花境一般建在坡地上或高台上，这些地方阳光充足、空气流通、土壤排水性好。植物个体之间的空隙，可以用碎石或沙砾覆盖，一方面能够改善景观，另一方面也可以抑制杂草的生长。中生花境是指植物生长在中等湿度土壤中的花境，是最常用的花境形式，所用植物材料介于旱生植物和湿生植物之间，对水分要求比较适中，既不能忍受长期的干旱，也不能在长期水涝条件下生长。湿地花境通常指位于水塘中以及溪流边的湿地里的花境。

按观赏时间可分为单季观赏花境与四季观赏花境。单季观赏花境是指专为某个季节设置的花境，其特点是在某一季节灿烂、美丽，但是在其他季节则显得冷清、萧条，观赏期较短，因而在公共场所应用得较少。四季观赏花境是指适合一年四季观赏的花境，每个季节都有不同的植物开花，四季观赏花境一次种植可保持较长的观赏期，对于庭院和一些公共场所是比较实际的选择。

此外，按经济用途可分为芳香植物花境、药用植物花境、食用花境；按花期可分为早春花境、春夏花境和秋冬花境。

第三节　花境特点与功能

一、花境的特点

花境主要通过丰富多彩的植物搭配与组合，展示花卉的自然美及群体美，同时展现季相变化。花卉的配置相对比较粗放，但要强调整体的设计感觉，同时要考虑到同一季节中各种花卉的色彩、姿态、体型及数量的协调和对比，整体构图必须严整，还要注意一年中的四季变化。具体有以下几个特点。

1. 植物种类丰富，季相景观明显

花境植物材料以宿根花卉为主，配以花灌木、球根花卉及一、二年生花卉等，植物种类丰富，可依据不同植物生长习性与观赏特性科学合理地配置植物，形成高低错落、疏密有致，观赏期长而富含动态变化的植物景观，最终使花境达到三季有

图1-34　植物种类丰富、季相景观明显的花境

花、四季有景的效果，能呈现一个动态的季相变化（图1-34）。

2. 立面丰富，景观多样化

花境中配置多种花卉，花色、花期、花序、叶形、叶色、质地、株形等主要观赏对象各不相同，通过对植物这些主要观赏对象的组合配置，可起到丰富植物景观的层次结构，增加植物物候景观变化等作用，创造出丰富美观的立面景观，使花境

图1-35　立面丰富、景观多样化的花境

具有季相分明、色彩缤纷的多样性植物群落景观（图1-35）。

3. 养护管理便利，节约资源

花境植物材料多以具有低维护特性且便于养护管理的多年生宿根花卉植物和作为骨架植物的花灌木为主，并适当配以球根花卉、常绿针叶植物和观赏草，而一、二年生花卉只作为点缀应用。通过最低限度的替换、更新、修剪、水肥等管理措施，形成四季、多年的可持续观赏的植物景观。

合理的花境混合种植方式能够形成一个可持续的生态系统，花境中不同的植物能够互相弥补，观赏时间较长，同时植物种类的多样性也能够使小群落更为稳定，体现了节约型园林的理念（图1-36）。

图1-36
养护管理便利、节约资源的花境

4. 景观自然和谐，生态效益好

花境与花带、花坛等传统花卉景观不同，遵循"虽由人作，宛自天开"的造景理念，模拟自然界中植物的生长状态，达到对自然和生态景观的再现。在植物配置上遵循植物自然生长规律，顺应自然环境，以自然式的配置手法为主，经艺术手法的提炼后，既保持群落的稳定性，又使花境在视觉效果上更具吸引力，整体景观与周围的自然环境更加和谐，营造一定的小气候，具有良好的生态效益（图1-37）。

图1-37
景观自然和谐、生态效益好的花境

二、花境的功能

花境以多年生植物为主，以持续观赏为主要功能，多体现在园林造景中，其功能具体表现在以下几方面。

① 花境植物材料丰富，起到增加自然景观的作用。

② 花境在园林中主要设置在公园、风景区、街心绿地、家庭花园及林荫路旁，可创造出较大的空间。

③ 花境多为带状自然式布置，充分利用园林绿地中的带状地段，可以起到分隔空间与组织游览路线的作用。

④ 花境的观赏期较长，植物材料不需要经常更换，具有较好的群落稳定性和季相变化，可以美化环境，节约资源，提高生态效益、经济效益和社会效益（图1-38）。

图1-38
园林中的多功能花境

第二章
花境植物和位置的选择

第一节 花境植物的选择

一、选择花境植物的注意事项

花境的设计应重视植物材料的选择，选择时，要注意以下几个方面。

① 忌选有毒的植物；避免使用会引起花粉症、呼吸道疾病和皮炎的植物；少用容易吸引害虫的植物，多用吸引益虫的植物。

② 忌用自身繁衍迅速而破坏其他植物生长的植物。

③ 以能够在当地露地越冬，不需特殊管理的宿根花卉为主，兼顾一些小灌木及球根和一、二年生花卉。

④ 选择的花卉要具有较长的花期，且花期能分散于各季节，保证花境的长效性景观效果。

⑤ 注意花色的选择，保证花色丰富多彩。

⑥ 优先选择观赏价值高的植物，如芳香植物、花形独特的花卉、花叶均美的材料、观叶植物等。

二、选择花境植物的原则

花境中应用的植物材料非常广泛，包括一、二年生花卉，球根花卉，宿根花卉，花灌木及观赏草等。选择时应遵循以下原则。

1. 优先选择乡土植物

乡土植物具有较强的适应性和抗性，生长健壮，有利于整体景观的塑造。另外，乡土植物获取方便、成本低。

2. 选择花期较长的植物

为了保证花境一年三季有花、四季有景，减少换花次数，降低更换植物的成本，选择植物时要选择花期相对较长或多年生的植物。

3. 选择快速成景的植物

花境建植初期的景观效果往往较差，景观形成需要一段时间，因此，需要选择花灌木和多年生花卉的容器苗，以加快其成景速度。

4. 注重花境的生物多样性和景观丰富性

花境植物材料的选择广泛，但选择时要灵活运用配置原则，追求层次的鲜明，注意不同花卉的有机组合，符合植物的生态配置，既能表现植物个体的自然美，又能展示植物自然组合的群体美。

花境的应用不仅符合现代人们对回归自然的追求，更符合生态城市建设对生物多样性的要求。选择植物时，除了利用开花植物丰富景观外，一方面可利用叶形和叶色来达到四季观赏效果，另一方面尽量多选用花灌木与观赏草，也可适当使用阔叶、针叶等植物，增加景观的丰富性。

5. 注重花境的整体协调性

因为花境营造的是一种群体美，追求的是整体的和谐，因此，选择花境植物材料要求满足个体美的同时，还要注意整体协调，既有变化，又有统一，既有群落的稳定性，又有自然美的灵动性，使花境生机勃勃。

第二节　花境位置的选择

花境作为一种植物景观，不是独立存在的，地形、地貌、环境因子等对其有着直接影响，而且花境的位置决定了花境的功能，不同的功能决定了花境的类型和植物的选择。例如，在林荫或是较为阴暗的地方，要设计阴生花境类型，植物要选择喜阴、耐湿的种类；在道路的转折或是风口等风大的地方就要设计路缘花境，而植物则适宜低矮、抗风性强的种类，避免柔软易折的植物；在阳光充足的场地则设计阳性花境，适宜种植喜阳、耐旱的植物种类，同时也适宜种植色彩艳丽多姿的植物。

场地的土壤条件对花境也有较大的影响，土壤对植物不仅有支撑作用，同时还提供植物生长发育所需的营养、水分，并且能为植物的根系提供地下的通气条件，土壤的质地、土壤的酸碱度、土壤的疏松度、土壤有机质的含量及土壤的排水情况影响着花境植物的选择。

此外，花境背景也是影响花境景观的一大因素，所以，在选择位置时，不能忽略背景，在设计花境时要将花境背景融入到设计中，使之成为整体，花境与背景过渡自然，相互呼应，可大幅提高花境景观效果。花境位置的选择以下面几种为例进行说明。

一、建筑物墙基前

形体小巧、色彩明快的建筑物前可设置花境，花境在此起到基础种植的作用，这种装饰可以使建筑与地面的强烈对比得到缓和，它可以柔化规则式建筑物的硬角，增加环境的曲线美和色彩美。但如果建筑物过高，则不宜用花境来装饰，因比例过大而不相称，以在1～3层的低矮建筑物前装饰效果为好。作为建筑物基础栽植的花境，应采用单面观赏的形式。围墙、栅栏、篱笆及坡地的挡土墙前也可设置花境（图2-1）。

图2-1
建筑物墙基前的花境

二、道路旁

　　园林中游步道边适合设置花境。若在道路尽头有雕塑、喷泉等园林小品，可在道路两边设置花境。在边界物设置单面观赏花境，既有隔离作用又有好的美化装饰效果。通常在花境前再设置园路或草坪，供人欣赏花境。也可在道路中央布置两面观赏花境，道路的两侧，可以是简单的草地和行道树，也可以是简单的植篱和行道树（图2-2）。

图2-2　道路旁的花境

三、植篱和树墙前

在绿期较长的植篱和树墙前设置花境效果最佳。绿色的背景使花境色彩充分表现，而花境又活化了单调的绿篱和绿墙（图2-3）。

图2-3
植篱和树墙前的花境

四、草坪和树丛间

在宽阔的草坪和树丛间适宜设置双面观赏的花境，可丰富景观，还可组织游览路线。通常在花境两侧辟出游步道，以便观赏（图2-4）。

图2-4
草坪和树丛间的花境

五、花园内

在面积较小的花园内设置花境，是花境最常用的布置方式。依具体环境可设计成单面观赏、双面观赏或对应式花境（图2-5）。

图2-5
花园中设置的花境

六、挡土墙、围墙处

庭园中的围墙和阶地的挡土墙，由于与其他景点距离较大，立面简单，为了绿化这些地方，可以种植藤本植物，也可在围墙的前方，布置单面观赏的花境，以墙为花境的背景。在阶地挡土墙的正面布置花境，可以使阶地地形变得更加美观（图2-6）。

图2-6
挡土墙、围墙处设置的
花境

第三章

花境设计

第一节　花境设计原则

　　花境设计主要遵循生态性原则、科学性原则、艺术性原则和协调统一性原则。

一、生态性原则

　　花境的设计要把生态可持续发展的理念贯穿于整体设计之中，这样才能在自然界中健康、长期、稳定地生存。设计时尽量考虑节约型园林新技术、新材料以及新工艺的应用，不仅要考虑花境的景观效果，更要注重花境的生态效益，从而营造出生态和谐的园林花境。

二、科学性原则

　　在花卉植物搭配时，充分了解每种花境植物的生长习性以及生物学特征，做到近期和远期的预测，科学合理地搭配花境植物，打造一种"源于自然、高于自然"的花卉景观。

三、艺术性原则

花境是一种艺术，花境设计人员有效利用花境植物的观赏花期、株形、株高、色彩等特点，营造出错落有致、层次分明的观赏效果。不仅能够使不同的植物之间协调生长，还能充分体现花境的景观特色。其中，色彩搭配是花境设计需要考虑的重要因素之一，合理控制主次的比例关系，能够使花境达到最佳的观赏效果。

四、协调统一性原则

花境是绿化景观的重要组成部分之一，因而设计花境时要充分考虑其与周边环境的整体协调性。要因地制宜、科学考虑，追求三季有花、四季有景的景观效果时，根据其所处的地理位置、地理特征选择适宜的花境植物，做到布局统一、合理种植、整体协调，进而营造出与周边环境相适应、相协调的花境景观。

第二节　花境植床设计

一、花境植床类型

植床类型通常有平床和高床两种，采用哪种类型，根据环境条件而定，但不管是平床还是高床，都应有2% ～ 4%排水坡度。一般情况下，绿篱、树墙前及草坪边缘土质好、排水力强，在此设计的花境宜采用平床，床面后部稍高，前缘与道路或草坪相平，这种花境给人以整洁感。而在排水差的土质上设计花境，可采用30 ～ 40cm高的高床，边缘用不规则的石块镶边，使花境具有粗犷风格。

二、花境朝向设计

花境类型不同，朝向有所差异。对应式花境通常要求长轴沿南北方向展开，以使左右两个花境光照均匀，从而达到设计构想。其他花境可自由选择方向。需要注意的是，花境朝向不同，光照条件不同，因此在选择植物时要根据花境的具体位置进行选择。

三、花境大小设计

花境的大小根据实际情况而定，环境空间的大小决定了花境的大小。但为管理方便，通常花境的长轴长度不宜过长，同时也为了体现植物布置的节奏感、韵律感，通常把过长的植床分为几段，每段长度以不超过20m为宜。段与段之间可留1～3m的间歇地段，设置座椅或其他园林小品。

四、花境宽度设计

为了体现花境自身装饰效果和便于观赏者观赏，花境应有适当的宽度。花境过宽，超过观赏者的视觉鉴赏范围，不利于观赏，同时也会给管理造成困难。过窄不易体现花境的群落景观效果。通常混合花境、双面观赏花境较宿根花境及单面观赏花境宽些。较宽的单面观赏花境的种植床与背景之间可留出70～80cm的小路，以便于管理，又有通风作用，还能防止作背景的树和灌木根系侵扰花卉。各类花境的适宜宽度见表3-1。

表3-1　各类花境的适宜宽度

花境类型	适宜宽度
单面观赏混合花境	4～5m
单面观赏宿根花境	2～3m
双面观赏花境	4～6m
小花园花境	1～1.5m，一般不超过园宽的1/4

五、植床边缘设计

花境的种植床为不规则的带状种植，不同类型的花境其边缘线有所不同，比如，单面观赏花境的前边缘可为直线或自由曲线，后边缘线多采用直线。而双面观赏花境的边缘线基本平行，可以是直线，也可以是流畅的自由曲线。

第三节　花境背景和前景设计

一、花境背景设计

花境的设计离不开背景景观的衬托，背景是花境的组成部分之一，根据不同的环境特点，花境与背景间可以是分开的，也可以是紧密结合的。设计时应从整体上考虑。通常只有单面观赏的花境需要背景来衬托，双面观赏、多面观赏及岛式花境则不需要。设计精巧的背景不仅可以突出花境的色彩和轮廓，而且能够为花境提供良好的小环境，对花境中的植物起到保护作用。这种背景可以是由植物搭配成的群体景观，也可以是草地、建筑物、墙体、围栏等，需要视具体情况而定。

① 从视觉效果来看，通常以暖色调作背景时，会使人在视觉上感觉前面的物体体积比实际小；而冷色系则会产生距离感，作为背景可以突出主景。

② 从色彩搭配上来看，背景的颜色与前面植物的颜色要产生对比，如背景是白色墙体，那么前面花境的植物特别是靠近白墙的植物，要选用色彩鲜艳或花色深重的品种来凸显。但若背景是颜色较深的绿篱或树丛的时候，就要在靠近背景的地方栽种色彩浅淡明亮的植物，避免深重的花色。

③ 可以用建筑物的墙基及各种栅栏作为背景，但一般以绿色或白色为宜。如果背景的颜色或质地不理想，可在背景前选种高大的绿色观叶植物或攀缘植物，形成绿色屏障后，再设置花境。较理想的背景是绿色的树

墙或高篱。

绿篱或是树墙是欧洲等西方国家应用于花境背景最多的形式，一般分为规则式和自然式两种，给人以庄重、严整之感。由植物群落组成的高低错落的树丛则是表现自然式景观和田园风情的最好选择，充分展现了自然之美。而运用树林、建筑等为花境背景的话，可以起到屏蔽和分隔空间的作用，可对视线进行一定的控制（图3-1）。

总的原则是把最高的植物种在后面，最矮的植物种在前面或四周。在混合花境中，通常以花灌木作为背景植物。

图3-1　以树墙、绿篱为背景的花境

二、花境前景设计

花境前景设计也是营造优美花境景观的一个重要工作，但前景设计要避免喧宾夺主，如在颜色的选择上应该避免过于艳丽夺目，色彩搭配上避免对比强烈，在形式上应以简洁大方为主，开阔的草坪、低矮的绿地是理想的选择，也可用林立的石头或充满乡土气息的泥石砖瓦来衬托，这样既起到烘托花境景观的作用，又起到丰富景观多样性和趣味性的效果（图3-2）。

图3-2
以开阔草坪为前景的花境

第四节　花境色彩设计

花境色彩设计是花境设计中最为关键的环节，绚烂的色彩往往能给观赏者留下深刻的印象。因此，在设计花境景观色彩时，应灵活地利用各种花色来营造整体景观效果。

一、花境色彩设计原则

花境色彩设计要遵循对比和调和的原则。

1. 对比原则

色彩对比可分为明度对比、纯度对比和冷暖对比。

明度对比即色彩的深浅对比。明度对比强，令人兴奋、情绪高涨，富有生气；明度对比弱，反差小，色调之间具有融和感，给人安定、平静之感，富有优雅的情调。

纯度对比，是指色彩的鲜明与混浊的对比。将低纯度色彩作为花境色彩设计的衬托色，鲜明色会显得更加夺目。反之，不但不能加强其色彩效果，反而会互相减弱。

冷暖对比，是由色彩的冷暖差别而形成的对比，能较好地发挥色彩的感染力。

2.调和原则

色彩的调和是两种以上的色彩搭配时出现的协调感，与色彩的对比是辩证统一的关系。总的来说，色彩的对比是绝对的，调和是相对的，对比是目的，调和是手段。通常分为两类：一类为类似色的调和，以性质接近的色彩相配置时，做纯度和明度的改变，使其达到有深浅浓淡的层次变化，形成统一协调的效果；一类为对比色的调和，两种性质相差较远的色彩，尤指色环中位置相对的两种色，即补色，通过某些特定方法和规律进行配置而取得的协调效果。

设计时，注意花境的色彩要有整体效果，避免某局部配色很好，但整个花境观赏效果差；同时要考虑花境色彩与周边环境、建筑风格、生活群体等的协调，与季节相吻合。

二、花境色彩的选择

在花境的色彩设计中，不同的色彩搭配可营造不同的视觉效果，暖色系植物具有拉近空间距离的功能；背景利用冷色系植物，在视觉上可延长花境景深、加大空间感。

在花境的色彩设计中可以巧妙地利用不同的花色来创造空间或景观效果。但要有主色、配色、基色之分，即要有对比，要协调，要统一。利用花色可产生冷、暖的心理感觉，花境的夏季景观使用冷色调的蓝紫色系花，会带给人们冷清、宁静、严肃的感觉；而早春或秋天用暖色的红、橙色系花组成花境，会使人产生温暖和兴奋的感觉。下面是几种常见花色的介绍。

白色：植物中开白色花朵的植物占多数。白色象征平和、宁静、纯洁、高雅和无暇。白色的花境可以营造宁静、和平的环境，这种环境适合人们静坐和沉思。

红色：红色花朵掺杂在其他枝叶和背景、前景之中时，易对游人心理产生比较强烈的刺激，让人想起跳动的火焰，令人兴奋不已。

黄色：经常是与春季和夏季相联系的颜色，始终与"富丽堂皇"一词紧密相连，具有庄严高贵之感。在花卉中黄色常有光辉、灿烂、明亮、健康、向上、华丽的寓意，可使人兴致勃勃。但黄色在暖色调的花境中一般不使用，因为它会产生相反的效果，削弱花境的暖色度。

蓝色：是一种冷色，使用起来比热烈的红色和黄色容易得多，蓝色象征着冷静、清凉、沉着、忧郁和遥远。蓝色可以与多种颜色搭配，但蓝色不能使用过多，否则会破坏花境的整体效果。蓝色具有镇静的作用，和白色、银色或粉色的花混植效果不错。

绿色：人们心理上对绿色的感应是和平、安逸、稳重、清新、富有活力、永久健康、丰满而有希望。绿色是花卉中永久的底色和基调。

除基本色外，粉色是暖色调，可以吸引人接近。橙色是富贵、温暖、欢乐的颜色，但是很难设置。紫色是一种高贵的颜色，通常象征雍容和华贵，它能使人们感觉舒适，并且与其他颜色搭配比较协调。

三、花境色彩设计方法

1. 同相色系或相近色系配置

将相近颜色的植物进行组合，使花境在颜色上协调统一，具有主题鲜明、冲击力强的效果，为避免颜色过于单一，适当添加调和色的植物，使花境更具有灵动感。

2. 将对比色或互补色相互搭配

将对比色搭配在一起会产生强烈的视觉冲击，通常作为花境的视觉中心，如黄色搭配紫色，橙色搭配蓝色，将这种手法应用在花境的局部设计会带给人们意想不到的效果。

3. 渐变色配置

在花境中，色彩由暖变冷或者由冷变暖，形成的渐变自然美景，韵律美十足。在长轴较长的花境中很适合应用这种色彩配置方式，但是应注意适当使用渐变色，使色彩变化自然，避免色系之间出现生硬的过渡现象。

第五节　花境季相设计

季相是一年中春夏秋冬的四季气候变化，产生了花开花落、叶展叶落等形态和色彩的变化，使植物出现了周期性的不同相貌。花境的季相变化是花境的特征之一。理想的花境应四季都有景观，做到四季烂漫的效果。

植物是花境的主要元素，不同季节会展现出各种特色。花境景观的季相变化主要是因为植物的变化，季相变化是花境景观最美的特点。所以在花境设计时应特别重视植物材料的季相，使四季过程形成多样变化的景观效果，将其自身的优势充分表现出来。利用花境材料可以营造出春夏花、秋冬果等不同的季节景观，从而将植物特有的景观价值表现出来。

一、春季花境

春季万物复苏，百花齐放，可选择的植物种类极其丰富，可营造出缤纷灿烂、生动活泼的怡人花境景观，如球根花卉郁金香、葡萄风信子、番红花等破土而出，各种一、二年生花卉和宿根花卉已鲜艳夺目，花灌木刚刚萌发的新枝嫩叶，更显生机勃勃。春季花境常用的花卉有金盏菊、飞燕草、风信子、花毛茛、郁金香、石竹类、鸢尾类、芍药、紫罗兰、蒲包花、二月兰等。

二、夏季花境

夏季的花境最美，此时大多数多年生花卉植株已经长成，迷人的花朵开始展露风姿，色泽由春季的清新鲜嫩变得鲜艳夺目、富丽堂皇，花灌木此时繁花似锦、枝繁叶茂，其迷人的魅力，让人流连忘返，使人感受到热烈的夏日风情。夏季比较适合布置冷色调花境。晚夏时许多花卉观赏价值会降低，要注意进行修剪或更换。常用的夏季花卉有蜀葵、射干、美人蕉、玉簪、紫松果菊、千叶蓍、唐菖蒲、萱草类、宿根福禄考、葱兰、落新妇、毛地黄、穗花婆婆纳、钓钟柳、凤仙花等。

三、秋季花境

秋季是收获、成功的季节，花境中除了绚丽的色彩，还有一片深沉、浓郁的金黄色，耀眼夺目，展现的是成熟美、整体美。此时植物选择范围增加，色彩丰富，株形完美，如宿根花卉中的菊科植物竞相开放，给秋季带来温暖，彩色树种的花灌木为秋季换上了迷人的盛装，不同色彩、不同株形的植物配置营造了秋季具有情趣的季相景观。秋季应用的主要花卉是菊科类植物。观果树的果实此时也大多成熟，能为秋季的花境增添一份丰收的美景。秋季常用的植物有多花亚菊、杂种蓝目菊、藿香蓟、金光菊、鸡冠花、翠菊、紫茉莉、旱金莲、美丽月见草、金山绣线菊、金叶六道木等。

四、冬季花境

冬天是一些观枝的花灌木展露风姿的季节，此时还有一些花木屹立不倒，如红色枝条的红瑞木、绿色枝条的棣棠，在冬季寒冷的季节一枝独秀。冬季，可以把开花的、常绿的和有美丽茎秆的植物集中在一起组成冬季花境，在冬季萧条的花园中增添一道亮丽风景。冬季的花境固然不及夏季花境的绚丽多彩，但可以利用冬季特有的雪景，营造纯净、安宁、祥和的景观，再配上不同形状、不同质地叶片的常绿植物或是常色叶树种，如紫叶小檗等，使冬季的花境更富有诗情画意。冬季常用的植物有棣棠、地中海荚蒾、红瑞木、垂枝银芽柳等。

五、四季花境

植物的花期和色彩是表现季相的主要因素，花境中开花植物应接连不断，以保证各季的观赏效果。最符合四时异景的理想花境特色的是混合花境，在一个有限的空间里，混合花境能做到春花烂漫、夏荫浓郁、秋色绚丽、冬景苍翠，永远充满活力。具有四季连续季相景观的花境才是最具永恒魅力的。

四季花境属于混合花境的形式。乔木和灌木是花境中固定不变的因素，它们不仅构建了花境的视觉结构，还可以在冬季抵御严寒或在夏季提供绿荫，是混合花境中不可缺少的因素。具体设计四季花境时，应该先充分了解植物在各个季节的具体生长形态，包括株高、株形、花期、花色、叶色等，然后再结合色彩和立面的布局原则，选择合适的植物。

第六节　花境效果设计

一、花境平面效果设计

花境的平面效果设计主要包括花境的平面轮廓和植物的平面种植设计，设计时应注意以下几点。

1. 花境边缘轮廓要自然

花境的平面轮廓可以沿规则的种植床边缘形成规则式，也可以沿直线或弯曲的曲线形成自然随意的风格。单面观赏花境的后边缘线多采用直线，前边缘线可是直线或自由曲线。两面观花境的边缘线基本平行，可以是直线，也可以是流畅的自由曲线。无论哪种形式，都要注意使边缘部分显得自然。

2. 植物丛状种植

植物的组合方法是花境植物平面种植设计应考虑的因素之一。平面种植采用自然块状混植方式，每块为一组花丛，各花丛大小有变化。一般花后叶丛景观较差的植物面积宜小些。为使开花植物分布均匀，又不因种类过多造成杂乱，可把主花材植物分为数丛种在花境不同位置。可在花后叶丛景观差的植株前方配植其他花卉给予弥补。使用少量球根花卉或一、二年生草花时，应注意该种植区的材料轮换，以保持较长的观赏期。

3. 植物的疏密程度要适宜

花境在平面构图上是连续的，每个植物品种以组团的形式种植在一起，组团大小不同，植物数量不同。植物的生长态势会影响花境的景观效果，生长较慢的植物相比较快的植物来说，预留的空间要小得多，所以种植时应充分考虑这个因素，确保花境景观的持续性。各组团间衔接紧密，疏密得当，形成自然野趣的状态。

二、花境立面效果设计

立面是花境的主要观赏面，花境的立面设计应充分利用场地的地形地势和不同类型植物的景观特点，使整个花境高矮有序、相互呼应衬托。相同外形的植物反复使用可产生韵律感，创造出丰富美观的立面景观。设计时，单面观赏花境前低后高的立面形式形成一个面向道路的坡面，形成良好的欣赏面和角度；双面观赏或岛式花境宜采用中间高四周低的种植形式，但中间植物最高不宜越过人的视线，加之周围低矮的植物，可以形成立面上的层次起伏。在地形上，设计时最好做5°～10°的排水坡度，以利于植物生长和后期的养护。

1. 植株高度

花境立面安排的一般原则是前低后高，在实际应用时，高低植物可有穿插，以不遮挡视线，实现景观效果为准。

2. 株形与花序

根据花朵构成的整体外形，可把植物分成水平形、直线形及独特形三大类。水平形植株圆浑，开花较密集，多为单花顶生或各类伞形花序，开花时形成水平方向的色块，如八宝、蓍草、金光菊等。直线形植株耸直，多为顶生总状花序或穗状花序，形成明显的竖线条，如火炬花、一枝黄花、飞燕草、蛇鞭菊等。独特形兼有水平及竖向效果，如鸢尾类、大花葱、石蒜等。花境在立面设计上最好有这三大类植物的外形比较，尤其是平面与竖向结合的景观效果更应突出。

3. 植株的质感

不同质感的植物搭配时要尽量做到协调。比如，粗质地的植物显得近，细质地的植物显得远，这样的特点在设计中可以适当利用。

另外，在花境立面设计时要兼顾植物间的生长习性，维持花境景观的长期效果。

第四章

花境种植施工与养护管理

第一节　花境种植施工

花境的施工非常重要，尤其要避免花境施工与设计脱节的现象。由于设计的植物品种没有货源或植物没有达到出圃规格而临时更换品种的现象时有发生。这时候不要盲目选择品种，为了不破坏整个设计，尽量选择与原品种类似的植物材料。具体的种植施工流程如下。

一、现场数据收集

为了保证项目能够顺利进行，花境种植前需要对现场的数据进行收集，主要考虑的因素有：车辆是否限行、卸货最远距离、施工时间、施工人员数量、垃圾处理方式等。若施工受其他因素影响拖延工期，需要考虑给花材浇水的水源位置。

二、施工场地处理

花境类型较多，但需要的植物多以多年生草本植物为主，种植前，需要整理种植床，清除建筑垃圾、砖石、碎木及灰渣等杂物，把杂草的根系全部挖出。然后在地表均匀撒入有机肥，结合翻地将有机肥混入30～40cm深处。保证花境中的植物以后对营养的吸收。土壤改良是呈现景观效果非常关键的一个环节。

整理种植床和土壤时，需要注意以下几个问题：

① 对土壤有特殊要求的植物，可在其种植区采用局部换土措施，比如用泥炭土进行改良。

② 要求排水好的植物，可在种植区土壤下层添加石砾。

③ 对某些根蘖性过强，易侵扰其他花卉的植物，可在种植区边界挖沟，埋入石头、瓦砾等进行隔离，最后整平场地（图4-1）。

图4-1　整平场地

三、植物栽植流程

参照施工图纸定点放线，根据施工地形，采用先里后外、先主后次的原则将植物定植。在每个斑块状的轮廓线内标注植物名称，或者根据植物配置表标注每个品种对应的序号，制作成标牌插在地面上（图4-2）。将植物摆入轮廓线后脱盆进行栽植（图4-3）。在栽植过程中，部分植物栽植时会与设计图上的轮廓线形状略有不符，需要在现场进行二次创作，对植物位置进行微调。

图4-2　定点放线插标牌　　　　　　　图4-3　脱盆栽植

第二节　花境养护管理

花境养护也是至关重要的一环。与花草的频繁更换和草坪的频繁修剪相比，花境的养护成本较低，投入较少，但低养护并不是不养护，也不是随意养护。花境养护也有自身的规律可循。

一、施肥

一般花境所处的地块土壤都比较贫瘠，除种植前施肥外，一年施4次肥，春天萌芽前施一次以氮肥为主的肥料，辅以磷钾肥。开花前施以磷钾肥为主的肥料，花后结合修剪施以氮肥为主的肥料，结合磷钾肥，秋冬季节以腐熟有机肥和磷钾为主肥料，提高抗寒能力。

二、浇水

宿根花卉、球根花卉、时令花卉属于浅根系花卉，不耐旱，需要经常浇水，根据见干见湿的原则浇水，当地表下面5cm处土壤干了，需浇透水。

三、整形与修剪

宿根花卉在开花后，要对其枯死的花枝进行修剪，以保持整体美观效果。有些宿根花卉对其修剪后，可促使二次开花，延长景观效果。

小乔木和花灌木，通过冬天强修剪和夏天摘心，控制株形，剪除病虫枯枝、并生枝、交叉枝，有利于通风透光，减少病虫害。

四、杂草防除

杂草防除采取除早、除净和在开花结实前剪除的原则。

五、植物更换

对于时令花卉和越冬有风险的植物要有植物更换计划，例如越夏有风险的时令花卉要在夏季进行补植，以保持景观效果。

花境实际上是一种人工群落，只有精心养护管理才会保持较好的景观。一般花境可保持3～5年的景观效果。

第五章
花境常用植物

第一节　常用一、二年生花卉

一、鸡冠花

【科属】苋科，青葙属。

【别名】红鸡冠。

【花色】白、淡黄、金黄、淡红、火红、紫红、棕红、橙红等色。

【花期】自然花期夏、秋至霜降。

【株高】40～100cm。

【生态习性】

性喜高温，不耐寒。适宜生长温度18～28℃。温度低时生长慢，入冬后植株死亡。需阳光充足的环境。生长期要有充足的光照，每天至少要保证有4h光照。需空气干燥的条件。对土壤要求不严，但以肥沃砂质壤土生长最好。

【园林应用】

鸡冠花因其花序红色、扁平状，形似鸡冠而得名，享有"花中之禽"的美誉。鸡冠花是园林中著名的露地草本花卉之一，花序顶生、显著，形状色彩多样，鲜艳明快，有较高的观赏价值，是花坛、花境的良好材料（图5-1、图5-2）。

图 5-1　鸡冠花

图 5-2
鸡冠花应用

二、矮牵牛

【**科属**】茄科，碧冬茄属。

【**别名**】碧冬茄、番薯花、灵芝牡丹、杂种撞羽朝颜。

【**花色**】红、黄、白、紫、粉及复色。

【**花期**】6～10月。

【**株高**】20～60cm。

【**生态习性**】

喜温暖，耐热，不耐寒，生育适温为10～30℃。越冬最低温为1℃。喜阳光充足的长日照环境。耐干燥，忌雨涝。喜肥沃、疏松、排水良好的微酸性砂壤土。

【**园林应用**】

矮牵牛花大色艳，花色丰富，花期长，为长势旺盛的装饰性花卉，而且还能做到周年繁殖上市，可以广泛用于花境布置。适宜与直立性草本植物配置。也可布置于暖色调花境前方，构成平面、立面效果丰富的花境（图5-3、图5-4）。

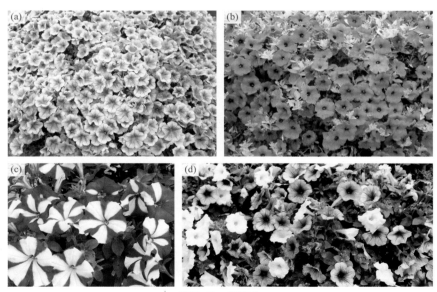

图5-3　矮牵牛

图5-4　矮牵牛应用

三、百日草

【科属】菊科，百日菊属。

【别名】百日菊、步登高、节节高。

【花色】白、黄、红等色。

【花期】6～9月。

【株高】50～90cm。

【生态习性】

喜温暖，不耐寒。生长适温为20～25℃，忌酷暑。当气温高于35℃时，长势明显减弱，且开花稀少，花朵也较小。喜阳光，为短日照植物，在长日照条件下舌状花增加。耐干旱，怕湿热。耐贫瘠，忌连作，地栽在肥沃和土层深厚的地段生长良好。盆栽以含腐殖质、疏松肥沃、排水良好的砂质培养土为佳。

【园林应用】

百日草色彩鲜艳，花期长，是园林中重要的夏季花卉。可用于花境布置，适于大面积种植，又可用于多种野花组合中（图5-5、图5-6）。

图5-5　百日草

图5-6 百日草应用

四、藿香蓟

【科属】菊科，藿香蓟属。

【别名】白花藿香蓟、毛麝香、胜红蓟、蓝绒球、蓝翠球、咸虾花、臭炉草、江胜蓟等。

【花色】淡蓝色、蓝色、白色等。

【花期】7月至霜降。

【株高】30～60cm。

【生态习性】

喜温暖、阳光充足的环境。对土壤要求不严。不耐寒，在酷热下生长不良。分枝力强，耐修剪。

【园林应用】

藿香蓟株丛繁茂，花色淡雅，株丛有良好的覆盖效果，是夏秋常用的观花植物，是优良的花境花卉。也可用于小庭院、路边、岩石旁点缀（图5-7、图5-8）。

图5-7　藿香蓟

图5-8　藿香蓟应用

五、金鱼草

【科属】玄参科，金鱼草属。

【别名】龙头花、狮子花、龙口花、洋彩雀。

【花色】白、淡红、深红、肉色、深黄、浅黄、黄橙等色。

【花期】4～10月。

【株高】20～70cm。

【生态习性】

较耐寒，不耐热，喜阳光，也耐半阴。生长适温，9月至翌年3月为7～10℃，3～9月为13～16℃，幼苗在5℃条件下通过春化阶段。高温对金鱼草生长发育不利，开花适温为15～16℃，有些品种温度超过15℃，不出现分枝，影响株形。金鱼草对水分比较敏感，盆土必须保持湿润，但不能积水，否则根系腐烂，茎叶枯黄凋萎。土壤宜用肥沃、疏松和排水良好的微酸性砂质壤土。

【园林应用】

金鱼草花形奇特，花色浓艳丰富，花期又长，是园林中最常见的草本花卉。园林中泛用于花境景观布置（图5-9、图5-10）。

图5-9　金鱼草

图 5-10
金鱼草应用

六、万寿菊

【科属】菊科，万寿菊属。

【别名】臭芙蓉、蜂窝菊。

【花色】黄至橙色。

【花期】6～10月。

【株高】30～90cm。

【生态习性】

性喜温暖，也耐凉爽。生长期适宜温度为20℃左右。喜阳光充足但耐半阴。喜湿润但适应性强，较耐旱。对土壤要求不严，但在富含腐殖质、肥厚、排水良好的砂质壤土上生长较佳。

【园林应用】

矮型品种分枝性强，花多株密，植株低矮，生长整齐，球形花朵完全重瓣。中型品种花大色艳，花期长，管理粗放，是草坪点缀花卉的主要品种之一，主要表现在群体栽植后的整齐性和一致性，也可供人们欣赏其单株艳丽的色彩和丰满的株形。高型品种花朵硕大，色彩艳丽，花梗较长，可作带状栽植代篱垣，也可作背景材料之用，万寿菊是良好的花境材料（图5-11、图5-12）。

图5-11　万寿菊

图5-12　万寿菊应用

七、三色堇

【科属】堇菜科，堇菜属。

【别名】蝴蝶花、鬼脸花。

【花色】黄、白、紫等色。

【花期】4～6月。

【株高】15～25cm。

【生态习性】

喜凉爽的气候，较耐寒，而怕炎热，夏季常生长不佳，开花小。冬季能耐–5℃的低温，在南方可在室外越冬，在北方冬季应入室，并置于阳光充足的地方。喜通风良好而阳光充足的环境，亦耐半阴。喜湿润，怕旱，忌涝。喜肥，不耐贫瘠。

【园林应用】

三色堇花色瑰丽，株形低矮，多用于花境及镶边植物或作春季球根花卉的"衬底"栽植（图5-13、图5-14）。

图5-13 三色堇

图5-14 三色堇应用

八、羽衣甘蓝

【科属】十字花科，芸薹属。

【别名】叶牡丹、花菜、花包菜。

【叶色】在灰绿色叶片中央有白、绿、黄、紫等斑块。

【花期】观叶期在10月至翌年2月，花期3～4月。

【株高】约30cm。

【生态习性】

喜凉爽，耐寒力较强。当温度低于15℃时中心叶片开始变色，高温和高氮肥影响变色的速度和程度，生育温度为5～25℃，最

图5-15　羽衣甘蓝

适生长温度为17～20℃，旬平均气温4℃左右可缓慢生长，但冬季在室外基本停止生长。喜充足阳光。较耐干旱。极好肥，要求疏松而肥沃的土壤。

【园林应用】

羽衣甘蓝观赏期长，叶色极为鲜艳，在公园、街头、花境常见用羽衣甘蓝镶边和组成各种美丽的图案，用于布置花境，具有很好的观赏效果（图5-15、图5-16）。

图5-16　羽衣甘蓝应用

九、毛地黄

【科属】玄参科，毛地黄属。

【别名】洋地黄、指顶花、金钟、心脏草、紫花毛地黄、吊钟花。

【花色】白、粉和深红色等。

【花期】6 ～ 8月。

【株高】60 ～ 120cm。

【生态习性】

较耐寒、较耐干旱、耐瘠薄土壤。喜阳且耐阴，适宜在湿润而排水良好的土壤上生长。

【园林应用】

图5-17　毛地黄

毛地黄植株高大，花序挺拔，花形优美，色彩明亮，花朵串串悬垂如风铃，叶片翠绿可人，适宜作为花境的主景或背景材料，丛植更显壮观（图5-17、图5-18）。

图5-18

图5-18　毛地黄应用

十、一串红

【科属】唇形科，鼠尾草属。

【别名】爆仗红（炮仗红）、拉尔维亚、象牙红、西洋红。

【花色】鲜红、白、粉、紫等色。

【花期】7～10月。

【株高】高可达90cm。

【生态习性】

喜温暖湿润，忌干热气候，生长最适温度为20～25℃，高于30℃叶、花均小，时间长了逐渐枯死，低于12℃生长受限。喜阳光充足，但也能耐半阴。忌积水，较耐旱。喜肥沃、疏松、排水良好的土壤。

【园林应用】

可自然式纯植于林缘。常与浅黄色美人蕉、矮万寿菊、浅蓝或粉色的紫菀、翠菊、矮藿香蓟等配合布置（图5-19、图5-20）。

图5-19　一串红

图5-20　一串红应用

十一、金盏菊

【科属】菊科，金盏花属。

【别名】金盏花、常春花、黄金盏、长生菊。

【花色】黄、褐、金黄、橘黄、深紫等色。

【花期】4～6月。

【株高】30～60cm。

图5-21　金盏菊

【生态习性】

金盏菊性较耐寒，种子发芽最适温度21～22℃，小苗能耐−9℃低温，大苗易遭冻害，忌酷热，炎热非常不适合金盏菊生长。喜光。对土壤及环境要求不严。但以疏松肥沃的土壤为宜，适宜pH6.5～7.5。

【园林应用】

金盏菊是春季花境的主要美化材料之一，色彩鲜明，金光夺目，适应性强，又具有一定的耐寒力，可定植于花境或组成彩带，供园林绿化用苗，可形成美丽的景观（图5-21、图5-22）。

(a)

图5-22
金盏菊应用

十二、醉蝶花

【科属】山柑科，白花菜属。

【别名】西洋白菜花、紫龙须、凤蝶花。

【花色】白、紫、紫红色。

【花期】7～11月。

【株高】60～150cm。

【生态习性】

适应性强。性喜高温，较耐暑热，忌寒冷。喜阳光充足地，半遮荫地亦能生长良好。对土壤要求不苟刻，水肥充足的肥沃地，植株高大；一般肥力中等的土壤，也能生长良好；砂壤土或带黏重的土壤或碱性土生长不良。喜湿润土壤，亦较能耐干旱，忌积水。

【园林应用】

醉蝶花花梗长而壮实，总状花序形成一个丰茂的花球，色彩红白相映，浓淡适宜，尤其是其长爪的花瓣，长长的雄蕊伸出花冠之外，形似蜘蛛，又如龙须，颇为有趣。地栽可植于庭院墙边、树下，是良好的花境背景或作中景填充材料，尤其适宜与矮牵牛、彩叶草、波斯菊等做成混色草花花境（图5-23、图5-24）。

图5-23 醉蝶花

图5-24 醉蝶花应用

十三、虞美人

【科属】罂粟科，罂粟属。

【别名】丽春花、赛牡丹、满园春、仙女蒿、虞美人草。

【花色】红、粉、紫、白色或复色。

【花期】4～6月。

【株高】40～80cm。

【生态习性】

喜温暖、阳光和通风良好的环境。不耐寒，也怕炎热、高温，即使在北方寒地酷暑也多死亡。由于根系深长，要求深厚、肥沃、排水良好的砂质壤土，土壤要整平、打细，经常做好松土工作。

【园林应用】

虞美人的花多彩多姿、颇为美观，适用于花坛、花境栽植，也可盆栽或作切花用。在公园中成片栽植，景色非常宜人。因为一株上花蕾很多，此谢彼开，可保持相当长的观赏期。如分期播种，能从春季陆续开放到秋季。宜片植或丛植，可独立成景，或作为混合花境的中景材料（图5-25、图5-26）。

图5-25 虞美人

图5-26 虞美人应用

十四、报春花

【科属】报春花科，报春花属。

【别名】小种樱草、七重楼。

【花色】深红、纯白、碧蓝、紫红、浅黄
等色。

【花期】2～5月。

【株高】30～50cm。

【生态习性】

喜气候温凉、湿润的环境和排水良好、
富含腐殖质的土壤，不耐高温和强烈的直射
阳光，多数亦不耐严寒。

图5-27　报春花

【园林应用】

报春花为多年生草本花卉，多作一、二年生栽培。花色丰富，五彩缤
纷，鲜艳夺目，多数品种花还具有香气，是春天的信使，具有较高的观赏
价值（图5-27、图5-28）。

图5-28　报春花应用

十五、千日红

【科属】苋科，千日红属。

【别名】火球花、红火球、千年红。

【花色】常紫红色，有时淡紫色或白色。

【花期】6～9月。

【株高】20～60cm。

【生态习性】

喜温热，生育适温品种间有异，15～30℃或20～28℃。耐高温，不耐寒霜。喜阳光充足的环境。喜干燥，较耐旱，不耐水湿，忌涝渍。宜肥沃、疏松、排水良好的微酸性至中性砂壤土，但对土壤选择不严。

图5-29 千日红

【园林应用】

千日红花期长，花色鲜艳，为优良的园林观赏花卉。是花坛、花境的常用材料，还可作花圈、花篮等装饰品（图5-29、图5-30）。

图5-30 千日红应用

十六、麦秆菊

【科属】菊科，蜡菊属。

【别名】蜡菊、贝细工。

【花色】红、白、橙黄等色。

【花期】花期长，从夏初到秋季连续开花。

【株高】75～120cm。

【生态习性】麦秆菊性喜温暖，不耐寒，又怕炎热。最佳的生长及开花温度为15～35℃，在7～38℃均可正常生长，低于5℃或高于38℃生长滞缓。北方地区秋后温度长期低于3℃即枯萎。喜阳光充足的环境。长期水涝对它生长不利。喜肥沃、湿润而排水良好的土壤。肥料不宜过多，否则花虽繁多但花色不艳。

【**园林应用**】麦秆菊的苞片色彩艳丽，因含硅酸而呈膜质，干后有光泽。干燥后花色、花形经久不褪不变，是做干花的重要植物，可供冬季室内装饰用，又可布置花坛、花境，还可在林缘丛植（图5-31、图5-32）。

图5-31　麦秆菊

图5-32　麦秆菊应用

十七、孔雀草

【**科属**】菊科，万寿菊属。

【**别名**】小万寿菊、红黄草、西番菊、臭菊花等。

【**花色**】金黄色、橙色或黄色带有红色斑。

【**花期**】7～9月。

【**株高**】30～100cm。

【**生态习性**】

　　孔雀草为阳性植物，喜阳光，但在半阴处栽植也能开花。5℃以上就不会发生冻害，10～30℃间均可良好生长。它对土壤要求不严，既耐移栽，又生长迅速，栽培管理也很容易。撒落在地上的种子在合适的温、湿度条件下可自生自长，是一种适应性十分强的花卉。

【园林应用】

孔雀草已逐步成为花坛、庭院的主体花卉。它的橙色、黄色花极为醒目（图5-33、图5-34）。

图5-33 孔雀草

图5-34 孔雀草应用

十八、四季秋海棠

【科属】秋海棠科，秋海棠属。

【别名】四季海棠。

【花色】淡红色、红色、粉色、白色等。

【花期】3～12月。

【株高】15～30cm。

【生态习性】

喜温暖，生长适温18～20℃。冬季温度不低于5℃，否则生长缓慢，易受冻害。夏季温度超过32℃，茎叶生长较差。

四季秋海棠对光照的适应性较强。它既能在半阴环境下生长，又能在全光照条件下生长，开花整齐、花色鲜艳。绿叶类在强光下生长，叶片边缘易发红，叶片紧缩；铜叶类则叶色加浓，具有光泽。

四季秋海棠的枝叶柔嫩多汁，含水量较高，生长期对水分的要求较高。

盆栽四季秋海棠宜用肥沃、疏松和排水良好的腐叶土或泥炭土，pH5.5～6.5的微酸性土壤。

【园林应用】

四季秋海棠是园林绿化中花坛、吊盆、栽植槽和室内布置的理想材料（图5-35、图5-36）。

图5-35 四季秋海棠

图5-36 四季秋海棠应用

十九、彩叶草

【科属】唇形科，鞘蕊花属。

【别名】洋紫苏、锦紫苏。

【叶色】色泽多样，有黄、暗红、紫色及绿色等。

【花期】7月。

【株高】50～80cm。

【生态习性】

性喜温暖湿润、阳光充足、通风良好的栽培环境。要求富含腐殖质、疏松肥沃而排水良好的砂质壤土。生长适宜温度20～25℃，最低不可低于10℃，不然叶色变黄萎蔫脱落。温度下降到5℃以下时，植株死亡。

【园林应用】

多年生草本，常作一、二年生栽培。彩叶草色彩鲜艳、品种甚多、繁殖容易，为应用较广的观叶花卉，除可作小型观叶花卉陈设外，还可配置图案花坛，也可作为花篮、花束的配叶使用。庭院栽培可作花坛，或植物镶边。还可将数盆彩叶草组成图案布置会场、剧院前厅，花团锦簇（图5-37、图5-38）。

图5-37　彩叶草

图5-38　彩叶草应用

二十、大花飞燕草

【科属】毛茛科，翠雀属。

【别名】翠雀、鸽子花。

【花色】蓝色、白色。

【花期】5～7月。

【株高】80～100cm。

【生态习性】

喜冷凉气候，忌炎热。喜光照充足。耐寒、耐旱、耐半阴。宜含腐殖质的黏质土。

【园林应用】

大花飞燕草是多年生草本植物，有着很强的环境适应性，但是多作一年生栽培。大花飞燕草花形别致，开花时似蓝色飞燕落满枝头，色彩淡雅。可作花坛、花境材料，也可用作切花（图5-39、图5-40）。

图5-39　大花飞燕草

图5-40　大花飞燕草应用

二十一、羽扇豆

【科属】豆科，羽扇豆属。

【别名】多叶羽扇豆、鲁冰花。

【花色】白、红、蓝、紫等色。

【花期】3～5月。

【株高】20～70cm。

【生态习性】

羽扇豆性喜凉爽、阳光充足，忌炎热，稍耐阴。要求土层深厚、肥沃疏松、排水良好、酸性砂壤土。

【园林应用】

羽扇豆花序挺拔、丰硕，花色艳丽多彩，花期长，是园林植物造景中较为难得的配置材料，可用于片植或在带状花坛群体配植，也是用作花境背景的好材料（图5-41、图5-42）。

图5-41　羽扇豆

图5-42 羽扇豆应用

二十二、观赏向日葵

【科属】菊科，向日葵属。

【别名】丈菊、彩色向日葵。

【花色】金黄色、红色及复色等。

【花期】7～9月。

【株高】90～300cm。

【生态习性】

观赏向日葵为喜光性花卉，整个生长发育期均需充足阳光。生长适温，白天为21～27℃，夜间为10～16℃。耐干旱，不宜过湿，土壤以疏松、肥沃的壤土为宜。

【园林应用】

图5-43　观赏向日葵

观赏向日葵花盘形似太阳，花朵亮丽，颜色鲜艳，纯朴自然，具有较高的观赏价值。广泛用于切花、盆花、庭院美化及花境营造等领域。一般成片种植，开花时金黄耀眼，既有野趣，又极为壮观（图5-43、图5-44）。

图5-44 观赏向日葵应用

二十三、南非万寿菊

【科属】菊科，骨子菊属。

【花色】白、粉、红、蓝、紫等色。

【花期】2～7月。

【株高】20～60cm。

【生态习性】

不耐严寒，忌酷热，喜光照。要求排水性良好、富含有机质的砂壤土。

【园林应用】

南非万寿菊，多年生草本，常作一、二年生栽培，株形矮小紧凑，花色五彩缤纷，花期长，是园林中新型的观花地被植物。是花坛、花境的重要材料（图5-45、图5-46）。

图5-45 南非万寿菊

图5-46 南非万寿菊应用

二十四、金鸡菊

【科属】菊科，金鸡菊属。

【别名】小波斯菊、金钱菊。

【花色】黄色。

【花期】7 ～ 9 月。

【株高】30 ～ 60cm。

【生态习性】

喜光，耐半阴，耐寒，忌暑热，耐干旱瘠薄，对土壤要求不严，适应性强，对二氧化硫有较强的抗性。在地势向阳、排水良好的砂质壤土中生长较好。

【园林应用】

金鸡菊花大色艳，可作花境材料，也可在草地边缘、向阳坡地、林场成片栽植，各地公园、庭院常见栽培（图5-47、图5-48）。

图5-47　金鸡菊

图5-48　金鸡菊应用

二十五、香雪球

【科属】十字花科，香雪球属。

【花色】淡紫色或白色。

【花期】6～7月。

【株高】10～40cm。

【生态习性】

喜冷凉，忌酷热，耐霜寒。喜欢较干燥的空气环境，怕雨淋，适合空气相对湿度为40%～60%。

【园林应用】

香雪球为多年生草本植物，生长速度快，适应能力强，多作一年生栽培。宜于岩石园墙缘栽种，也可作地被等（图5-49、图5-50）。

图5-49　香雪球

图5-50　香雪球应用

第二节　常用宿根花卉

一、八宝景天

【科属】景天科，景天属。

【别名】蝎子草、华丽景天、长药景天、大叶景天、景天。

【花色】淡粉红色、白色、紫红色、玫红色。

【花期】7～10月。

【株高】30～50cm。

【生态习性】

能耐-20℃的低温。性喜强光。喜干燥、通风良好的环境，忌雨涝积水。喜排水良好的土壤，耐贫瘠和干旱。

【园林应用】

八宝景天植株整齐，生长健壮，花开时似一片粉烟，群体效果极佳，园林中常将它用来布置成圆圈、方块、云卷、弧形、扇面等造型，是布置花境和点缀草坪、岩石园的好材料（图5-51、图5-52）。

图5-51　八宝景天

图5-52　八宝景天应用

二、萱草

【科属】百合科，萱草属。

【别名】黄花菜，金针菜。

【花色】橘黄色、紫红色、橘红色。

【花期】6月上旬～7月中旬。

【株高】60～100cm。

【生态习性】

性耐寒，能耐−20℃的低温。喜光，耐半阴。耐干旱、湿润。对土壤适应性强，但以土壤深厚、富含腐殖质、排水良好的肥沃的砂质壤土为好。在中性、偏碱性土壤中均能生长良好。

【园林应用】

萱草具有品种较为丰富、色彩多样、花期长等特点，是优良的园林宿根花卉。可用于布置花境、马路隔离带、地被植物等，融观叶与观花于一体（图5-53、图5-54）。

图5-53　萱草

图5-54　萱草应用

三、鸢尾

【科属】鸢尾科，鸢尾属。

【别名】紫蝴蝶、蓝蝴蝶、乌鸢、扁竹花。

【花色】蓝、紫、黄、白、淡红等色。

【花期】4～6月。

【株高】30～50cm。

【生态习性】

较耐寒，生长适温15～18℃，极怕炎热，越冬最低温-14℃。阳性，喜光。中生，耐干燥。对土壤要求不严。

【园林应用】

常作花境、路边、石旁的镶嵌材料，用于景观布置，可营造一个和谐、自然而又神奇的环境（图5-55、图5-56）。

图5-55 鸢尾

(a)

(b)

图5-56 鸢尾应用

四、芍药

【科属】毛茛科，芍药属。

【别名】没骨花、婪尾春、将离、殿春花。

【花色】白、粉、红、紫或红色。

【花期】4～5月。

【株高】50～100cm。

【生态习性】

芍药花耐寒力强，在我国北方的大部分地区可以露地自然越冬。但耐热力较差，炎热的夏季停止生长。喜阳光，但在疏荫下也能生长开花。喜湿润，但怕水涝。宜在土层深厚、肥沃而又排水良好的砂质壤土上生长，低洼盐碱地不宜栽培。

图5-57　芍药

【园林应用】

芍药花大艳丽，品种丰富，在园林中常成片种植，花开时十分壮观，是近代花境上的主要花卉。芍药可沿着小径、路旁作带形栽植，或在林地边缘栽培，并配以矮生、匍匐性花卉。有时单株或两三株栽植，以欣赏其特殊品型花色。更有完全以芍药构成的专类花园，称芍药园（图5-57、图5-58）。

图5-58 芍药应用

五、玉簪

【科属】百合科，玉簪属。

【别名】玉春棒、白鹤花、玉泡花、白玉簪。

【花色】白色、淡紫、堇紫色。

【花期】6～8月。

【株高】30～50cm。

【生态习性】

耐寒，夏季温度高、土壤或空气干燥、强光直射时叶片易变黄。玉簪性喜阴，忌强光直射。喜湿。喜土层深厚，宜在肥沃、排水性良好的砂质土壤环境中生长。

【园林应用】

玉簪是较好的阴生植物，在园林中可用于树下作地被植物，或植于岩石园或建筑物北侧。现代庭园，多配植于林下草地、岩石园或建筑物背面，正是"玉簪香好在，墙角几枝开"。也可三两成丛点缀于花境中（图5-59、图5-60）。

图5-59　玉簪

图5-60　玉簪应用

六、荷包牡丹

【科属】罂粟科，荷包牡丹属。

【别名】兔儿牡丹、鱼儿牡丹、铃儿草、荷包花、蒲包花等。

【花色】粉红色或玫红色。

【花期】4～6月。

【株高】30～60cm。

【生态习性】

生性强健，耐寒而不耐夏季高温。喜光。可耐半阴。喜湿润，不耐干旱。宜富含有机质的壤土，在砂土及黏土中生长不良。

【园林应用】

荷包牡丹叶丛美丽，花朵玲珑，形似荷包，色彩绚丽，适宜于布置花境和在树丛、草地边缘湿润处丛植，景观效果极好（图5-61、图5-62）。

图5-61　荷包牡丹

图5-62

图5-62 荷包牡丹应用

七、假龙头

【科属】唇形科，假龙头花属。

【别名】随意草、囊萼花、棉铃花、伪龙头、芝麻花、虎尾花、一品香。

【花色】淡红、紫红。

【花期】7～9月。

【株高】60～120cm。

【生态习性】

喜疏松、肥沃、排水良好的砂质壤土，夏季干燥则生长不良。成株丛生状，盛开的花穗迎风摇曳，婀娜多姿。生性强健，地下匍匐茎易生幼苗，栽培1株后，常自行繁殖无数幼株。

【园林应用】

假龙头叶秀花艳，栽培管理简易，宜布置花境背景或在野趣园中丛植（图5-63、图5-64）。

图5-63 假龙头

图5-64 假龙头应用

八、千叶蓍

【科属】菊科，蓍属。

【别名】西洋蓍草、蓍草。

【花色】红、粉、淡紫、白、黄等色。

【花期】5～10月。

【株高】50～80cm。

【生态习性】

对土壤及气候的条件要求不严，非常耐瘠薄，半阴处也可生长良好；耐旱，尤其夏季对水分的需求量较少，为城市绿化中的"节水植物"。如果水分过多，则会引起生长过旺，植株过高。如有积水情况会引起烂根。故土壤排水条件要好。

【园林应用】

千叶蓍因其花期长达3个月、花色多、耐旱等特点，在园林中多用于花境布置。与喜阳性、肥水要求不高的花卉搭配种植效果较好，如蓝刺头、蛇鞭菊、钓钟柳、紫松果菊等。有些矮小品种可布置岩石园，亦可群植于林缘形成花带，或片植作花境主景（图5-65、图5-66）。

图5-65　千叶蓍

图5-66
千叶蓍应用

九、蜀葵

【**科属**】锦葵科，蜀葵属。

【**别名**】一丈红、端午锦、蜀季花等。

【**花色**】红、白、黄、紫、黑等不同深浅色。

【**花期**】6～9月。

【**株高**】高可达2m。

【**生态习性**】

地下部耐寒，在华北地区可露地越冬。生育适温15～30℃。喜光，不耐阴。耐干旱。不择土壤，但以疏松肥沃的土壤生长良好。

【**园林应用**】

园林、庭院、路旁、墙角、建筑物旁、水池边、花坛、花境等均可栽植，由于蜀葵植株高大，花色鲜艳，盛开时繁花似锦，是夏秋季花境的优良背景材料。布置时为避免与前景低矮植物的株高落差太大，应注意选择一些高茎类花卉作为过渡或填充材料。也可与蒲苇、斑叶芒等观赏草搭配，形成叶形、叶色的对比，且当花谢之后，秋季的蒲苇花序也成一景，延长了花境的观赏期，丰富了季相变化（图5-67、图5-68）。

图5-67　蜀葵

图5-68　蜀葵应用

十、宿根福禄考

【科属】花葱科，福禄考属。

【别名】天蓝绣球、锥花福禄考。

【花色】白、黄、粉色、红紫、斑纹及复色。

【花期】6～9月。

【株高】15～20cm。

【生态习性】

宿根福禄考喜排水良好的砂质壤土和湿润环境。耐寒，忌酷日，忌水涝和盐碱。在疏阴下生长最强壮，尤其是庇荫处，或与比它稍高的花卉如松果菊等

图5-69　宿根福禄考

混合栽种，更有利于其开花。福禄考病虫害较少，偶有叶斑病、蚜虫发生。发生叶斑病时，可喷洒50%多菌灵1000倍液进行防治。发生蚜虫可用毛刷蘸稀洗衣粉液刷掉，发生量大时可喷洒40%氧乐果乳油1500倍液。

【园林应用】

宿根福禄考的开花期正值其他花卉开花较少的夏季，可用于布置花境，亦可点缀于草坪中。是优良的庭园宿根花卉（图5-69、图5-70）。

图5-70　宿根福禄考应用

十一、蛇鞭菊

【科属】菊科，蛇鞭菊属。

【别名】麒麟菊、猫尾花。

【花色】纯白色、淡紫色。

【花期】夏、秋季。

【株高】60～100cm。

【生态习性】

耐寒，耐水湿，耐贫瘠，喜阳光，要求疏松肥沃湿润土壤。

【园林应用】

观花类，适宜配合其他色彩花卉布置，作为花境的背景材料。应用于庭院、别墅的花境，挺拔秀丽，野趣十足。作为背景材料或丛植点缀于山石、林缘（图5-71、图5-72）。

图5-71　蛇鞭菊

图5-72
蛇鞭菊应用

十二、落新妇

【科属】虎耳草科，落新妇属。

【别名】红升麻、虎麻、金猫儿。

【花色】淡紫色或紫红色。

【花期】8～9月。

【株高】45～65cm。

【生态习性】

生性强健，喜欢温暖气候，忌酷热，在夏季温度高于34℃时明显生长不良；不耐霜寒，在冬季温度低于4℃以下时进入休眠或死亡。最适宜的生长温度为15～25℃。一般在秋冬季播种，以避免夏季高温。喜半阴。在湿润的环境下生长良好。喜欢较高的空气湿度，空气湿度过低，会加快单花凋谢。也怕雨淋，晚上需要保持叶片干燥。最适空气相对湿度为65%～75%。对土壤适应性较强，喜微酸、中性的排水良好的砂质壤土，也耐轻碱土壤。

【园林应用】

庭院、公园等绿化美化，尤其是河畔、林下。用落新妇与其他花卉搭配布置景点显得层次丰富、活泼热烈，景观效果较为理想（图5-73、图5-74）。

图5-73 落新妇

图5-74　落新妇应用

十三、松果菊

【科属】菊科，松果菊属。

【别名】紫锥花、紫锥菊、紫松果菊。

【花色】紫红色。

【花期】6～7月。

【株高】60～150cm。

【生态习性】

喜凉爽、湿润和阳光充足环境。耐寒，也耐半阴，怕积水和干旱。宜肥沃、疏松和排水良好的微酸性土壤。冬季温度不得低于−5℃。

【园林应用】

松果菊花形奇特，花期长，可超过60天，单株花可开30多天。舌状花有玫瑰红、粉红、紫红、白色等，适用于自然式丛栽，布置花境、庭院隙地，也可作墙前屋后的背景材料。盆栽摆放建筑物周围，粗犷奇特，风度翩翩，是花境中不可多得的主景材料（图5-75、图5-76）。

图5-75　松果菊

图5-76　松果菊应用

十四、堆心菊

【科属】菊科，堆心菊属。

【别名】翼锦鸡菊。

【花色】黄色。

【花期】7 ～ 10月。

【株高】50 ～ 100cm。

【生态习性】

喜温暖向阳环境，抗寒，耐旱，不择土壤。

【园林应用】

堆心菊花开不断，观赏期长，是炎热夏季花园地栽、容器组合栽植不可多得的花材（图5-77、图5-78）。

图5-77　堆心菊　　　　　　　图5-78　堆心菊应用

十五、火炬花

【科属】百合科，火把莲属。

【别名】红火棒、火把莲。

【花色】橘红色。

【花期】6 ～ 10月。

【株高】40 ～ 140cm。

【生态习性】

火炬花耐寒，有的品种能耐短期−20℃低温。喜阳光充足环境，对土壤要求不严，但以腐殖质丰富、排水良好的壤土为宜，忌雨涝积水。

【园林应用】

火炬花的花形、花色犹如燃烧的火把，点缀于翠叶丛中，具有独特的园林风韵。在园林绿化布局中常用于路旁、街心花园、成片绿地中，成行成片种植；也有在庭院、花境中作背景栽植或作点缀丛植（图5-79、图5-80）。

图5-79　火炬花

图5-80　火炬花应用

十六、石竹

【科属】石竹科，石竹属。

【别名】兴安石竹、北石竹、钻叶石竹等。

【花色】紫红色、粉红色、鲜红色或白色。

【花期】5～6月。

【株高】30～50cm。

【生态习性】

性耐寒、耐干旱，不耐酷暑，夏季多生长不良或枯萎。喜阳光充足、干燥、通风及凉爽湿润气候。要求疏松、肥沃、排水良好及含石灰质的壤土或砂质壤土，忌水涝，好肥。

【园林应用】

园林中可用于花坛、花境或花台，也可用于岩石园和草坪边缘点缀。大面积成片栽植时可作景观地被材料（图5-81、图5-82）。

图5-81　石竹

图5-82 石竹应用

十七、肾形草

【**科属**】虎耳草科，矾根属。

【**别名**】矾根。

【**叶色**】叶色丰富多彩。

【**花期**】4～6月。

【**株高**】30～60cm。

【**生态习性**】

耐寒，喜阳，耐阴，在疏松肥沃、排水良好、富含腐殖质的中性偏酸土壤上生长良好。

【园林应用】

肾形草株姿优雅，花色鲜艳，是花坛、花境、花带等景观配置的理想材料（图5-83、图5-84）。

图5-83　肾形草

图5-84

图5-84 肾形草应用

十八、蓝花鼠尾草

【科属】唇形科，鼠尾草属。

【别名】粉萼鼠尾草、一串蓝、蓝丝线等。

【花色】蓝色、淡蓝色、淡紫色、淡红色或白色。

【花期】4～10月。

【株高】30～60cm。

【生态习性】

喜光照充足、湿润、排水良好的砂质壤土或土质深厚壤土，但一般土壤均可生长，耐旱性好，耐寒性较强，可耐−15℃的低温，怕炎热、干燥。

【园林应用】

蓝花鼠尾草生长势强，花期长，可大面积栽培，可广泛用于路边绿化、花坛、花境和园林景点的美化（图5-85、图5-86）。

图5-85 蓝花鼠尾草

图5-86 蓝花鼠尾草应用

十九、朝雾草

【科属】菊科，蒿属。

【别名】银叶草。

【叶色】银白色。

【株高】10cm左右。

【生态习性】

朝雾草性喜温畏寒，喜光照，属阳
性花卉，不易得病虫害。

图5-87　朝雾草

【园林应用】

朝雾草主要欣赏其全株银白色光泽及羽毛状的茎和叶，姿态纤细、柔
软，给人以一种玲珑剔透的美感。通常作为山野草栽培，近年多用于花境
中（图5-87、图5-88）。

图5-88　朝雾草应用

二十、耧斗菜

【科属】毛茛科、耧斗菜属。

【别名】猫爪花。

【花色】蓝、紫、白等色。

【花期】5～7月。

【株高】40～80cm。

【生态习性】

生性强健，耐寒，喜凉爽，忌夏季高温暴晒，喜富含腐殖质、湿润而排水良好的砂质壤土。

【园林应用】

耧斗菜为优良庭园花卉，叶奇花美，适应性强，适宜成片植于草坪上、密林下，也宜洼地、溪边等潮湿处作地被覆盖。适于布置花坛、花境（图5-89、图5-90）。

图5-89 耧斗菜

图5-90 耧斗菜应用

二十一、绵毛水苏

【**科属**】唇形科，水苏属。

【**别名**】棉毛水苏。

【**叶色**】灰白色。

【**株高**】约60cm。

【**生态习性**】

喜光、耐寒。最低可耐−29℃低温。

【**园林应用**】

应用于花境、岩石园、庭园观赏（图5-91、图5-92）。

图5-91　绵毛水苏

图5-92
绵毛水苏应用

第三节　常用球根花卉

图5-93　大丽花

一、大丽花

【科属】菊科，大丽花属。

【别名】大丽菊、天竺牡丹、大理花等。

【花色】白、黄、橙、红、紫等色。

【花期】6～10月。

【株高】50～250cm。

【生态习性】

大丽花性喜温暖、向阳及通风良好的环境，既不耐寒又畏酷暑。喜阳光充足的环境条件。怕水涝。喜高燥、凉爽及富含腐殖质、疏松、肥沃、排水良好的砂质壤土。

【园林应用】

大丽花是世界名花之一，作为花境材料，景观效果十分理想（图5-93、图5-94）。

图5-94

图5-94　大丽花应用

二、大花美人蕉

【科属】美人蕉科，美人蕉属。

【别名】美人蕉、兰蕉、红艳蕉。

【花色】花色丰富，有乳白、米黄、亮黄、橙黄、橘红、粉红、大红、红紫等多种。

【花期】6～10月。

【株高】1～1.5m。

【生态习性】

喜高温炎热，怕强风，不耐寒，喜阳光充足。耐湿，但忌积水。以肥沃壤土最适宜。

【园林应用】

大花美人蕉花大色艳，既可旱生，也可湿生，湿生的植株比旱生的低矮，为重要的观赏花卉品种。适宜用于花境自然式丛植，也可在河岸、池塘浅水处作水景配置（图5-95、图5-96）。

图5-95　大花美人蕉

图5-96　大花美人蕉应用

三、百合

【科属】百合科，百合属。

【别名】卷帘花、山丹花。

【花色】白、黄、粉等色。

【花期】6～7月。

【株高】70～150cm。

【生态习性】

百合的生长适温为15～25℃，温度低于10℃，生长缓慢，温度超过30℃则生长不良。生长过程中，以白天温度21～23℃、晚间温度15～17℃最好。促成栽培的鳞茎必须通过7～10℃低温贮藏4～6周。百合喜柔和光照，也耐强光照和半阴，光照不足会引起花蕾脱落，开花数减少；光照充足，植株健壮矮小，花朵鲜艳。百合属长日照植物，每天增加光照时间6h，能提早开花。如果光照时间减少，则开花推迟。百合对水分的要求是湿润，这样有利于茎叶的生长。如果土壤过于潮湿、积水或排水不畅，都会使百合鳞茎腐烂死亡。土壤要求肥沃、疏松和排水良好的砂质壤土，土壤pH在5.5～6.5最好。

【园林应用】

百合花姿雅致，青翠娟秀，花茎挺拔，是点缀庭院的名贵花卉。适合布置专类园，可于疏林、空地片植或丛植，可作花境中心或背景材料（图5-97、图5-98）。

图5-97　百合

图5-98　百合应用

四、大花葱

【科属】百合科，葱属。

【别名】硕葱、吉安花、巨葱等。

【花色】紫色。

【花期】5～6月。

【株高】约40cm。

【生态习性】

大花葱喜欢凉爽的气候，生长适温15～25℃，要求光照充足，忌湿。喜欢疏松肥沃、富含有机质的土壤。

图5-99　大花葱

【园林应用】

多年生球根花卉，用作花境或草坪上点缀（图5-99、图5-100）。

图5-100　大花葱应用

五、朱顶红

【科属】石蒜科，朱顶红属。

【别名】柱顶红、白子红、朱定兰、对角蓝等。

【花色】大红、淡红、橙红、白色等。

【花期】4～6月。

【株高】40～120cm。

【生态习性】

喜温暖，生长适温为18～25℃，冬季休眠时要求冷凉、干燥的环境。以10～12℃为宜，不能低于5℃。喜光，但光线不宜过强。喜湿，但畏涝。要求排水良好、富含有机质的砂壤土。

图5-101　朱顶红

【园林应用】

朱顶红阔叶翠绿，花色炫目，可孤赏也可群植，是著名的观赏花卉。因其花茎挺拔、花朵硕大，通常有数株丛植便可成景，而与一般春花类植物搭配较难协调，适合点缀花境小品，或与高大阔叶的观叶或观花植物配置，如苏铁等（图5-101、图5-102）。

图5-102　朱顶红应用

六、郁金香

【科属】百合科，郁金香属。

【别名】洋荷花、草麝香、郁香。

【花色】白、粉红、洋红、紫、褐、黄、橙等，深浅不一，单色或复色。

【花期】3～5月。

【株高】35～55cm。

【生态习性】

性喜冬季温和、湿润，夏季凉爽、稍干燥的向阳或半阴环境。耐寒性强，冬季可耐−35℃的低温。生长适温8～20℃，最适温度15～18℃，花芽分化适温17～20℃。根系损伤后不能再生。喜半阴，中生或湿润。宜富含腐殖质、排水良好的砂质壤土，忌低温、黏重土。

【园林应用】

郁金香是重要的春季球根花卉，宜作布置花坛、花境材料，也可丛植于草坪上、落叶树树荫下。在园林中多成片用于布置花境或形成整体色块景观（图5-103、图5-104）。

图5-103　郁金香

图5-104

图5-104　郁金香应用

七、百子莲

【科属】石蒜科，百子莲属。

【别名】紫君子兰、蓝花君子兰、非洲百合。

【花色】亮蓝色。

【花期】7 ～ 9月。

【株高】50 ～ 70cm。

【生态习性】

喜温暖、湿润和阳光充足的环境。要求夏季凉爽、冬季温暖。土壤要求疏松、肥沃的砂质壤土，pH在5.5～6.5。

【园林应用】

百子莲花形秀丽，适于盆栽作室内观赏，在中国南方置半阴处栽培，作岩石园和花境的点缀植物。中国北方需温室越冬，温暖地区可庭院种植（图5-105、图5-106）。

图5-105　百子莲

图5-106
百子莲应用

第四节　常用其他花卉

一、狼尾草

【科属】禾本科，狼尾草属。

【别名】狼茅、芦秆莲、小芒草、老鼠根、狗仔尾、黑狗尾草、光明草、芮草。

【花色】粉色、黄褐色、白色等。

【花期】夏秋季。

【株高】30～120cm。

【生态习性】

喜寒冷湿气候。耐旱，耐砂土、贫瘠土壤。宜选择肥沃、稍湿润的砂地栽培。

【园林应用】

狼尾草适应性强，茎叶疏散柔软，叶片在近顶端拱形弯曲，整个株丛优雅，花期长，用途广，可用于基础栽植，作为地被材料，可栽植于岩石园、海岸边，植于花园、林缘、草地等地，是一种优良的园林观赏植物，尤其是理想的花境材料（图5-107、图5-108）。

(a)

(b)

(c)

图5-107　狼尾草

图5-108
狼尾草应用

二、蓝羊茅

【科属】禾本科，羊茅属。

【别名】滇羊茅。

【叶色】呈蓝色，具银白霜。

【花期】5月。

【株高】约40cm。

图5-109　蓝羊茅

【生态习性】

喜光，耐寒，耐旱，耐贫瘠。中性或弱酸性疏松土壤长势最好，稍耐盐碱。全日照或部分荫蔽长势良好，忌低洼积水。

【园林应用】

适合作花坛、花境、道路两边的镶边用（图5-109、图5-110）。

图5-110　蓝羊茅应用

三、观赏谷子

【科属】禾本科，狼尾草属。

【别名】珍珠栗、蜡烛稗。

【叶色】青紫、粉紫、紫红、紫墨、深紫等多种颜色。

【株高】82～114cm。

【生态习性】

观赏谷子喜阳光充足，不怕阳光暴晒，在有一点遮阴的条件下也可以生长，耐干旱，生长最适温度18～30℃，在疏松、肥沃、排水良好的微酸性或中性土壤中生长良好。

【园林应用】

观赏谷子茎秆、叶片和果穗幼嫩时是麦绿色，以后逐渐变成青紫、粉紫、紫红、紫墨、暗紫等多种颜色，光亮美丽，极具观

图5-111 观赏谷子

赏性。常栽植于花坛中心、花境两侧和街心花园，社区绿地、园林镶边、大型组合盆栽等处也可移栽定植（图5-111、图5-112）。

图5-112 观赏谷子应用

四、五星花

【科属】茜草科，五星花属。

【别名】雨伞花、繁星花、星形花等。

【花色】粉红、绯红、桃红、白色等。

【花期】3～10月。

【株高】30～70cm。

【生态习性】

喜暖热而日照充足的环境，较耐旱，但不耐水湿。

【园林应用】

亚灌木。五星花花小，星状别致，且花色丰富、艳丽，多花聚生成球，花期持久。可作夏、秋季花境填空补缺材料（图5-113、图5-114）。

图5-113　五星花

图5-114　五星花应用

五、非洲菊

【科属】菊科，大丁草属。

【别名】扶郎花。

【花色】红、黄、粉、白等色。

【花期】11月至翌年4月。

【株高】30～40cm。

【生态习性】

非洲菊喜光照充足、通风良好的环境。属半耐寒性花卉，可忍受短期0℃的低温，低于10℃则停止生长。喜富含腐殖质且排水良好的疏松、肥沃的砂质壤土，忌重黏土，宜微酸性土壤，在中性和微碱性土壤也能生长。

【园林应用】

非洲菊花色丰富、艳丽，装饰性强。切花瓶插期长，为理想的切花花卉。也宜盆栽观赏，用于装饰厅堂、门侧，点缀窗台、案头，皆为佳品。在温暖地区，将非洲菊作宿根花卉，应用于庭院丛植，布置花境，装饰草坪边缘等均有极好的效果（图5-115、图5-116）。

图5-115　非洲菊

图5-116　非洲菊应用

六、一品红

【科属】大戟科，大戟属。

【别名】老来娇、圣诞花、猩猩木。

【苞片颜色】红色、乳白色、淡黄色、橙红色、粉红色等。

【花期】10月至次年4月。

【株高】1 ～ 3m。

【生态习性】

一品红是短日照植物，喜光照充足、温暖、湿润的环境条件，对水分的反应比较敏感。在疏松、肥沃的砂质土壤上生长良好。

【园林应用】

一品红花色鲜艳，花期长，正值圣诞、元旦、春节开花，盆栽布置室内环境可增加喜庆气氛；也适宜布置会议等公共场所。南方暖地可露地栽培，美化庭园（图5-117、图5-118）。

图5-117　一品红

图5-118　一品红应用

七、绣球

【科属】虎耳草科，绣球属。

【别名】八仙花、粉团花、草绣球、紫阳花等。

【花色】粉红色、淡蓝色或白色。

【花期】6～8月。

【株高】1～4m。

【生态习性】喜温暖、湿润和半阴环境。土壤以疏松、肥沃和排水良好的砂质壤土为好。但土壤pH的变化，使绣球的花色变化较大。

图5-119　绣球

【园林应用】

绣球花形丰满，大而美丽，园林中可配置于稀疏的树荫下及林荫道旁，片植于荫向山坡。是花篱、花境的良好材料（图5-119、图5-120）。

图5-120　绣球应用

八、变叶木

【科属】大戟科，变叶木属。

【别名】洒金榕。

【叶色】绿色、淡绿色、紫红色、紫红与黄色相间、绿色叶片上散生黄色或金黄色斑点或斑纹。

图5-121　变叶木

【花期】9～10月。

【株高】高达2m。

【生态习性】

变叶木喜热畏寒，冬天室内安全越冬温度为10～15℃，低于10℃容易发生脱叶现象，夏天可适应30℃以上高温。对光线适应范围较宽，但充足的阳光有利于促进其良好生长，并获得较高观赏价值。变叶木喜肥沃湿润、排水良好的土壤。

【园林应用】

变叶木叶色丰富，颜色多样，是深受人们喜爱的观叶植物，可盆花栽培，装饰房间、厅堂和布置会场，也常用于公园、绿地和庭园美化，既可丛植，也可做绿篱（图5-121、图5-122）。

(a)

图5-122

图5-122　变叶木应用

九、天竺葵

【科属】牻牛儿苗科，天竺葵属。

【别名】洋绣球、入腊红、石腊红、日烂红等。

【花色】红色、橙红、粉红或白色。

【花期】5～7月。

【株高】30～60cm。

【生态习性】

天竺葵性喜冬暖夏凉，喜干怕湿，生长期需要充足的阳光，不喜大肥，肥料过多会使天竺葵生长过旺，不利开花。

【园林应用】

天竺葵适应性强，花色鲜艳，花期长，适用于室内摆放，花坛、花境布置等（图5-123、图5-124）。

图5-123　天竺葵

图5-124

图5-124　天竺葵应用

图说花境设计与施工

第六章
花境设计案例

一、景墙花境

景墙花境项目位于沈阳东一环边，华润置地——时代之城。整个场地充满着工业历史的痕迹和记忆。平静的线条，历史情怀感的砖墙，刻画着景观独有的语言与特征。花境位于示范区内红砖景墙下，长15m，宽2.5m，呈南北走向，属混合型花境（图6-1～图6-3）。

图6-1　景墙花境效果图

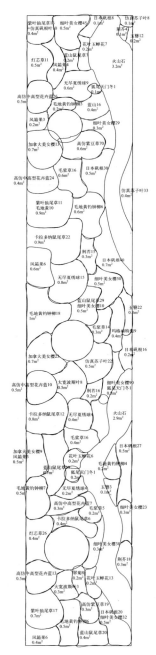

图6-2 景墙花境施工图

图6-3 景墙花境实景图

　　景观效果：以砖红色的景墙为背景，花境以火山岩留白的方式和背景结合，暗红色的火山岩颗粒质感细腻，与植物和背景完美融合，更能烘托整个花境的工业元素主题。该花境属单面观赏花境，花境色彩整体为低明度、低饱和，整体层次前低后高，天际线起伏错落，暗紫色的毛地黄钓钟柳作为主调植物，以组团形式重复出现，穿插在花境的中层和背景层中，使得花境层次不呆板。整个花境效果春季最佳，夏季中高层蓝紫色系植物进入生长期，整体花境随时间线变化，层次会更加明显。秋季以紫叶狼尾草为主调植物，暗紫色的花穗随风飘摇，加长观赏期（图6-4）。

　　植物配置：考虑到此区域有三棵丛生水曲柳，透光率不高，所以在植物选择上以耐阴花卉为主。花叶玉簪以及褐色和紫色的矾根为最前排，可爱又独特的颜色和株形，更能增加对观赏者的亲和力。无尽夏绣球的团状花与毛地黄钓钟柳的竖线条花形成对比，

图6-4 景墙花境景观效果

增加花境的观赏性。匍匐茎的紫色细叶美女樱，蔓延到火山岩的小路上，打破规矩的边缘，使效果更贴近自然。在火山岩周围点植狐尾天门冬，更显留白的意境。不同种植物之间搭配自然，植物组团搭配精致细腻，颜色和谐统一（图6-5）。

图6-5 景墙花境植物配置

二、千山新屿屋顶花境

千山新屿屋顶花境项目位于楼体顶层的露台，占地面积约45m²，本场地均为狭长条形的种植池，花境围绕着围栏和墙体四周进行装饰，属混合型花境。楼顶露台属私人空间，设计效果上更能凸显趣味性（图6-6～图6-8）。

图6-6　千山新屿屋顶花境效果图

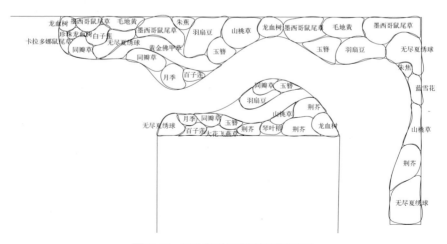

图6-7　千山新屿屋顶花境施工图

图6-8　千山新屿屋顶花境实景图

景观效果：效果上略显自然，却不凌乱。原木拱门搭配爬藤月季，尽显田园风格。拱门两侧的百子莲会在夏季盛开，蓝色团状的花，高贵又抢眼，增加了通过拱门的仪式感。在围栏转角处选用株形较高的墨西哥鼠尾草、毛地黄等植物，封堵围栏的部分镂空，让整体空间更加私密。两株银姬小蜡树球作为点缀，增加了花境的趣味性。近景处栽植的造型独特的珍珠龙血树、金叶石菖蒲等，使整体结构更加稳定，搭配颜色清新淡雅的矮层小花，整体色调丰富却不艳俗（图6-9）。

植物配置：春季以羽扇豆、落新妇、毛地黄为主调植物，重瓣楼斗菜和大花葱点缀在弧形小路的两侧，鼠尾草重复出现在整个花境中，竖线条的紫色花穗，质感强烈，拉伸竖向空间，使花境更有层次。颜色以粉色、蓝色为主，搭配少量的黄色，春季达到一种清新烂漫的效果。随着春季花卉的枯萎衰败，蓝色的百子莲、同瓣草在夏季亮相，随着无尽夏绣球的相继盛开，紫色的鼠尾草迎来第二茬花。夏季为冷色调的效果，蓝紫色映入眼帘，使炎热的夏多一份清凉。珍珠龙血树、朱蕉、银姬小蜡等植物作为花境骨架，长势缓慢、造型独特，使整个花境结构更加稳定（图6-10）。

(a)

(b)

(c)

图6-9
千山新屿屋顶花境
景观效果

图6-10　千山新屿屋顶花境植物配置

三、龙湖锦璘原著示范区花境

龙湖锦璘原著示范区花境位于地产示范区内，占地面积为50m²。以乔灌木和树球作为天然背景，是在铺装和背景之间打造的台阶边缘花境。饱和度较高，颜色跳动大，营造出繁花似锦的花境景观（图6-11～图6-13）。

图6-11
龙湖锦璘原著示范
区花境效果图

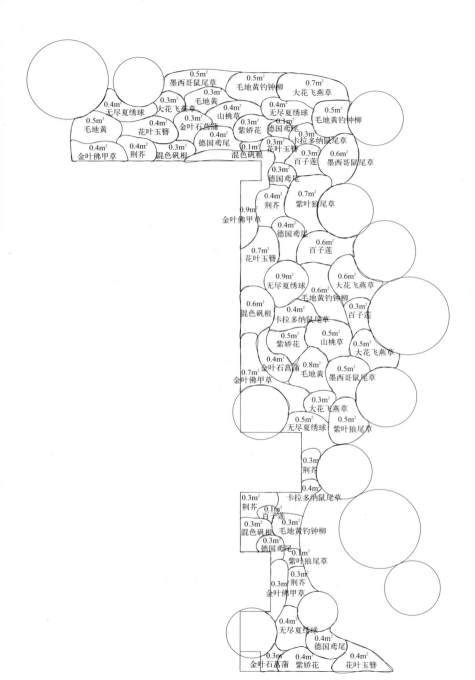

图6-12　龙湖锦璘原著示范区花境施工图

图6-13
龙湖锦璘原著示范
区花境实景图

景观效果：以乔灌木为背景，花卉与背景灌木衔接自然。色彩缤纷，以黄、红、粉色为主色调，搭配紫色和蓝色。前排植物以观叶的玉簪、矾根和金叶佛甲草为镶边，叶片生长茂盛，与铺装融合，模糊石材铺装的边界，柔化边缘。后排的毛地黄亭亭玉立，天际线高低起伏，前排的玛格丽特菊和鼠尾草生机盎然。整体地形也是前低后高，使得花境的层次更加明显，填充植物也是以组团形式出现，使花境层次更加饱满、生机勃勃（图6-14）。

图6-14　龙湖锦璘原著示范区花境景观效果

植物配置：后排多以竖线条的植物为主，例如墨西哥鼠尾草、大花飞燕草、毛地黄等植物，中层以无尽夏绣球、山桃草、卡拉多纳鼠尾草组团出现，亮眼的粉色玛格丽特菊穿插在花境的前层和中层，搭配黄金佛甲草，提亮整个花境的亮度，收边植物为观叶的花叶玉簪和矾根，也作为主要植物大量使用，其极具观赏性的叶片，又是在林下的半阴环境，状态良好且稳定。本花境也选用了少量的墨西哥羽毛草和鸢尾，三五成团地出现在花境中，使得花境更富有变化（图6-15）。

图6-15
龙湖锦璘原著示范区花境植物配置

四、音乐草坪花境

音乐草坪花境项目位于大连，圆形的音乐草坪处，场地草坪宽阔，花境围绕草坪的弧形外轮廓，为音乐草坪烘托静谧优雅的气氛（图6-16～图6-18）。

图6-16
音乐草坪花境效果图

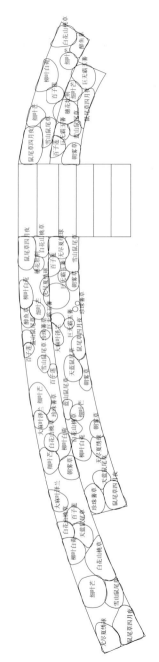

图6-17　音乐草坪花境施工图

图6-18　音乐草坪花境实景图

　　景观效果：花境的色调以蓝白为主，搭配灰色调的植物和火山岩的留白，尽显高级感。细叶芒作为花境的最高点植物，充当骨架的作用，散状花的白花山桃草和团状花的无尽夏绣球重复出现，形成对比，节奏明快。白色的圆锥绣球和蓝色的百子莲点缀其中，使中层结构更加丰富饱满。前景以蓝山鼠尾草和雪山鼠尾草为镶边植物，配以玉簪、银灰色的朝雾草，无论从颜色上还是质感上都显得脱俗、高雅。蓝白色的花境，因为没有过多的颜色，整体颜色和谐统一，为音乐草坪增添优雅唯美的意境（图6-19）。

图6-19　音乐草坪花境景观效果

植物配置：白色系植物以白花山桃草、柳叶白菀、圆锥绣球、雪山鼠尾草为主，蓝色系植物以无尽夏绣球、天蓝鼠尾草、蓝山鼠尾草、百子莲为主。搭配多种花型花色的玉簪以及质感毛茸可爱、银灰色的朝雾草。花境的生长季均为蓝白色系，春日有鼠尾草的细腻，夏日有百子莲的尊贵，秋日有柳叶白菀的优雅。植物组团重复出现，错落有致，鲜花次第开放，使整体效果更加稳定（图6-20）。

图6-20
音乐草坪花境植物
配置

五、墙基花境

墙基花境是位于LOGO墙周围的花境，与背景墙和水系结合，墙体后又是红枫等乔木，与环境结合的元素较多，整体效果很好。此位置的人流量较多，作为景观提升的节点，花境起到了很重要的作用（图6-21～图6-23）。

图6-21　墙基花境效果图

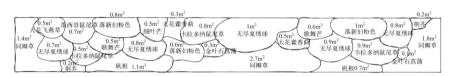

图6-22　墙基花境施工图

图6-23　墙基花境实景图

景观效果：因花境的位置位于入口，整体颜色在设计上以缤纷绚烂为主。墙体文字要注意，不要被植物遮挡，所以在文字下选用了无尽夏绣球，既保证文字不被遮挡，又能和前景植物衔接。近景处的玉簪和矾根作为镶边植物，因为是离人群最近的位置，所以也是颜色最重的区域。中间区域应用了大量的同瓣草，蓝色的花瓣成团，是另一个视觉焦点。远处的大花藿香蓟开花呈蓝紫色，朦胧的效果看不清边界，效果上使花境和周围的环境更加融洽（图6-24）。

图6-24　墙基花境景观效果

植物配置：选用几种颜色跳跃的植物，山桃草、矾根的红色，同瓣草、大花藿香蓟的蓝色，黄金佛甲草、矾根的黄色，还有玉簪、龙血树等不同的叶色，打造出五彩缤纷的效果，整体吸人眼球。鼠尾草竖线条花穗的出现在花境中起到了拉伸层次的作用，使多种团状的花被打断，体现出层次变化。植物大多为耐修剪、抗性好的花卉，也为持续的景观效果奠定了基础（图6-25）。

图6-25　墙基花境植物配置

六、岛形花境

岛形花境项目位于沈阳北陵大街公园活动场所处，此花境为四面观岛形花境，整体地势为中间高四周低，占地面积约120㎡，东西走向长20m，一面连接内河，一面连接步行路（图6-26～图6-28）。

图6-26　岛形花境效果图

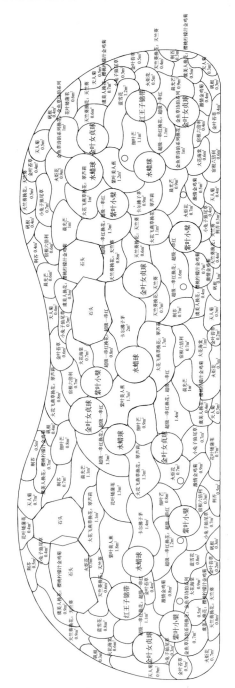

图6-27　岛形花境施工图

图6-28
岛形花境实景图

景观效果：花境的最上层为富贵海棠，花境中的花灌木作为骨架植物。春季的大花飞燕草、冰岛虞美人作为亮点植物，引来很多游人打卡拍照。夏季的卡尔拂子茅抽穗后，花穗纤细修长，随风摇曳，各种花卉株形紧凑、饱满，更显花境的动态变化美（图6-29）。

图6-29
岛形花境景观效果

植物配置：植物配置上选用了大量的树球作为骨架，例如紫叶小檗球、水蜡球、金叶榆球，观赏草的占比也比较高，包括抽穗较早的卡尔拂子茅、晨光芒、细叶芒、紫穗狼尾草等，整体色系以红黄为主，红色的天竺葵和超级一串红作为红色系植物的主调植物大量使用，黄色的金鸡菊和矾根作为镶边植物点缀其中，蓝紫色的荆芥和大花飞燕草作为对比色调和整体色调，丰富色彩效果（图6-30）。

图6-30　岛形花境植物配置

七、儿童活动区花境

儿童活动区花境项目位于吉林省长春市长春中铁博览城的儿童活动区，场地分布较散，每个区域面积为15～20m²，多数为乔木下的树岛，围绕着儿童活动区的周边，花境色彩绚丽活泼，赋予童真（图6-31～图6-33）。

图6-31　儿童活动区花境效果图

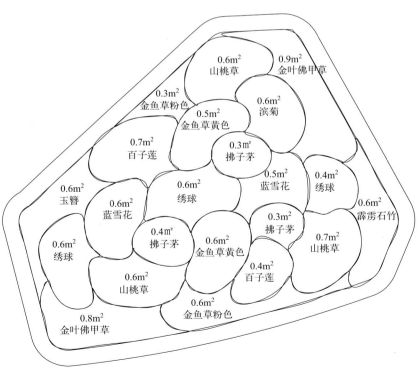

图6-32　儿童活动区花境施工图

图6-33
儿童活动区花境
实景图

　　景观效果：每块花境色彩绚丽，小巧精致，骨架植物为银姬小蜡树球，修成圆球形状的树球更贴合儿童乐园的氛围。每小块花境的边缘用草坪镶边，既是为了美观，也防止儿童在游玩时踩踏，破坏鲜花。每小块花境的色调统一，植物略有不同，使得整体的花境效果和谐统一。颜色多样，但饱和度低，清新且干净的颜色更能凸显出儿童乐园的欢快（图6-34）。

图6-34
儿童活动区花境景观
效果

　　植物配置：考虑到空间的关系，高层的植物用量很少，银姬小蜡树球和卡尔拂子茅作为中高层植物，周围都是以矮层的花卉为主，粉色和黄色的金鱼草作为主调植物，分布在每个花境的区域，清新的颜色和可爱的花穗，很受儿童的喜爱。中层植物有蓝雪花、山桃草、无尽夏绣球等，夏季的效果以蓝粉为主，点缀红色的霹雳石竹。无尽夏绣球的花朵大，体量上与霹雳石竹达到均衡，每种植物都没有很大面积的斑块，整体花境效果达到小巧可爱的感觉（图6-35）。

图6-35
儿童活动区花境
植物配置

八、路缘花境

路缘花境项目位于景墙前及路口转角处，面积约30m²，该项目结构稳定、氛围感强，极具观赏性。植物品种不是很多，但却不失美感（图6-36～图6-38）。

图6-36
路缘花境效果图

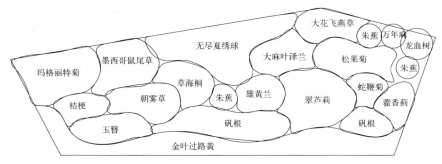

图6-37 路缘花境施工图

图6-38 路缘花境实景图

景观效果：纵向空间节奏感很强，天际线错落有致，花境色彩整体淡雅，以蓝、粉、咖色为主，观赏持续时间长。此项目的植物组团设计感很强，主次分明，整体的韵律很舒适。观花的植物虽然不是很多，但在颜色上很和谐，不同颜色的绿，也使花境的层次感更加明显。灰色、白色的植物点缀其中，与整体色彩形成反差，更能突出植物的个体美，形成视觉焦点。前景植物选用金叶过路黄留白，搭配少量玉簪和矾根，提亮花境的整体色彩（图6-39）。

图6-39　路缘花境景观效果

　　植物配置：骨架植物选用龙血树、红巨人朱蕉、万年麻等直立性较好、质感明显的植物，在花境中穿插种植，单株就能成景的万年麻，搭配与其颜色差别很大的红巨人朱蕉，无需过多的植物就能成为很好的视觉焦点。松果菊、藿香蓟、玛格丽特菊等团状花材作为填充植物，搭配其中，使整体效果更加饱满。镶边植物选用金叶过路黄，在边缘匍匐生长，能够蔓延到道路上，形成自然风趣的景观效果（图6-40）。

图6-40

图6-40
路缘花境植物配置

九、草坪花境

草坪花境位于带有高度差的双层广阔草坪上，为镶嵌呼应式的花境，属混合式花境。三面观赏，除后面其他都可作为观赏面。边缘曲线流畅、自然，植物搭配协调统一，极具观赏性（图6-41～图6-43）。

图6-41
草坪花境效果图

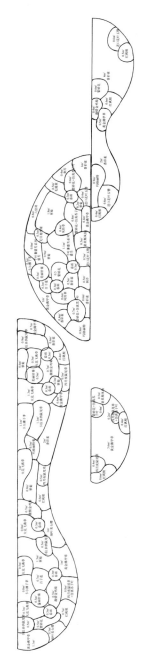

图6-42　草坪花境施工图

图6-43　草坪花境实景图

景观效果：结合场地给人带来雄壮的氛围感，在花境设计上，以蓝紫色为主，加以黄色作为提亮，使得花境在保证素雅的同时能更加活跃灵动。此花境的布局是值得欣赏的一点，既保证了草坪的干净利落、广阔大气，花境的出现又使得整体效果更加出彩。植物组团疏放有致，花开次第，在整个生长季都具有很好的观赏性（图6-44）。

图6-44　草坪花境景观效果

植物配置：植物在颜色的选择上，主要以蓝紫色为主，例如卡拉多纳鼠尾草、大花藿香蓟、香彩雀、蓝雪花等，黄色植物有黄金佛甲草和少量的金鸡菊。最高层的植物选用卡尔拂子茅，其作为观赏草中抽穗比较早的品种，在初夏就能感受到花穗随风摇曳的景色。多种蓝色系的植物花期交错，使整个观赏季的蓝色占比达到最大，局部点缀粉色的凤仙和红色的矾根（图6-45）。

图6-45
草坪花境植物配置

参考文献

［1］夏宜平.园林花境景观设计.2版.北京：化学工业出版社，
2020.

［2］阮琳，刘兴跃，文才臻.华南地区特色花境设计施工与养护.
广州：华南理工大学出版社，2018.

［3］田如男.花境设计与常用花境植物.南京：东南大学出版社，
2018.

［4］王美仙，刘燕.花境设计.北京：中国林业出版社，2013.

［5］袁婷.花境的设计原则及类型.现代农业科技，2020（23）：
144-145.

［6］刘曹懿.花境植物在景观设计中的色彩搭配.现代园艺，2022
（10）：68-72.

［7］叶娜.园林植物造景中花境的应用策略探析.园艺科学，2021
（4）：49-50.

［8］陈育青.花境设计、施工与养护.中国花卉园艺，2020（18）：
22-24.

［9］张勇.现代植物造景中园林花境应用设计探讨.城市建筑，2019
（33）：98-99.

［10］杨欣宇，汤巧香.天津市花境植物研究.天津农林科技，
2019(5)：12-16.